動画配信 ▶ のための

ゼロから分かる

After Effects

CC対応
Win / Mac

八木重和 yagi shigekazu

秀和システム

◆**本書は以下のOSにて執筆しています**

Windows 11

解説画面はWindows 11のものになります。

◆**注意**

はじめに

　誰でもスマートフォンで動画の撮影ができるようになり、同時に動画で情報を提供する機会が多くなりました。そこで必要となる動画編集の技術が、先端メディアでは必須のスキルとなってきています。

　これから動画編集をはじめようと考えている方に、まず最初に立ちはだかる壁が「動画編集アプリの選択」ではないでしょうか。動画編集アプリには、代表的な数種のアプリに加えて、スマートフォンでできる簡単な動画編集アプリもあり、どれを選べば挫折なく動画編集の技術が身につくのか、悩ましいところです。一方で、「誰とも違う個性的な動画を作りたい」と思う方も多いと思います。

　本書で使用しているAfter Effectsは、同じAdobeのPremiere Proをはじめとする一般的な動画編集アプリと少しコンセプトが違います。Premiere Proが、いくつかの動画を切ったりつなげたりして演出を加え、1本の映像を作ることに向いているのに対して、After Effectsは、細かいところにさまざまな効果を付けながら1つの映像を作ることを得意としています。そのため、たとえばタイトル文字を動かしたり、映像そのものに変化を加えるといった、「凝った演出」が可能になります。したがって、一般的な動画編集アプリで少し物足りなくなったという方にも挑戦してみる価値があるアプリと言えます。

　本書は、前半でいくつかの作例を通して基本的な操作やコツを身につけ、後半では「ちょっとユニークな演出」の例を取り上げて想像力を広げるように構成されています。

　一方で、本書と同じ素材を使い「真似」をすれば、操作は簡単に進むかもしれません。しかし、操作を身につけるためには、できるだけ自分で撮影した動画を使い、自分の「ああしたい、こうしたい」という思考に置き換えて作ることで、より早く上達できます。まずは自分のスマートフォンで簡単な動画を撮影し、パソコンに取り込んで、本書の作例にあるような簡単な編集を、自分の動画で試してみてください。そのため本書では、実は簡単にできることも、はじめの方に構造を理解してもらうために、少し遠回りしていることもあります。

　動画の編集では正解は1つではありません。自分のアイディアを形にすることがゴールであり、正解でもあります。After Effectsは、あなたが思い浮かべる無限のアイディアを実現する、そんなツールです。本書があなたのアイディアを活かし、個性あふれる動画を制作する一助となれば幸いです。

2022年9月

八木重和

動画配信のための ゼロから分かるAfter Effects

CONTENTS

―――― 目 次 ――――

Chapter

1

After Effectsで動画を作る準備をしよう

Chapter
2

複数の動画を連続再生させよう

Chapter
3

画面に文字を表示しよう

Chapter

4

写真を集めてスライドショーを作ろう

Chapter

5

マスクを使ってワイプを作ろう

Chapter

6

図形を描いて移動させよう

切り抜いたイラストを移動しよう

素材にさまざまな加工をしよう

Chapter

9

どのような動画を作るか考えよう

Chapter

10

YouTubeで公開しよう

Chapter

11

After Effectsと
他のAdobeアプリを組み合わせよう

Chapter

12

動画や素材の著作権について理解しよう

Appendix

効率的な作業や、理解を助けるための知識

☕ Column

Chapter **1**

After Effectsで
動画を作る準備をしよう

動画を作るときには、一般的に撮影したデータをアプリで編集します。撮影したまま使うことは少なく、たとえ上手に録れた動画でも、前後の不要な部分を削除するといった簡単な編集を行います。動画を編集するアプリはさまざまですが、本書では「After Effects」という本格的な動画編集ができるアプリを使います。

Chapter » 1

Section » 01

After Effectsはどんなアプリ？

動画にさまざまな効果を付けることが得意な動画作成・編集アプリ

「動画の編集アプリ」では「Premiere Pro」が知られていますが、「After Effects」も同じ
Adobeが提供する動画編集アプリです。

動画に効果を付けて編集する

　「動画編集」アプリには、スマートフォンアプリで手軽に編集ができるものからプロが映像
制作に使うものまでさまざまなものがあります。その中でもパソコン用でプロも使うアプリ
としてよく知られているのはAdobeの「Premiere Pro」やAppleの「Final Cut Pro」など
があります。本書で使う「After Effects」も同じ動画編集アプリですが、前述の「Premiere
Pro」と同じAdobeの製品です。

　一般的に動画編集といえば、撮影した動画をつなげたり、一部をカットしたり、字幕（テロッ
プ）を付けたりして1つの動画に仕上げます。前述のPremiere ProもFinal Cut Proも、そのよ
うな動画の「作成」が得意なアプリです。一方でAfter Effectsでも同じように動画の作成ができ
ますが、After Effectsの場合、特にエフェクト、つまり「効果」を作り出すことが得意です。

　After Effectsでは、動画の一部分に効果を付けてさまざまな変化を出すことができます。
一方で、いくつもの動画をつないで長い動画を作り上げることは、Premiere Proの方が向い
ています。

After Effectsも他の一般的な動画編集アプリと同様に、1つの動画を作ることができるが、特に効果を付
けることが得意なアプリ。

　さらにAfter Effectsは、たとえばタイトルの文字をアニメーションのように作りこんだり、動画の画面に複雑な動きを加えるといったこと、あるいはさまざまな効果をいくつも重ねて付け足すことが得意です。そのような「動画の一部により凝った仕掛けをしてみたい」というなら、After Effectsはきっと役に立つでしょう。

　もちろん、いくつかの動画をつなげて1つの動画に仕上げるような編集もAfter Effectsで可能です。Premiere Proでも簡単な動画編集から始めます。同じように、After Effectsでも、いきなり凝ったアニメーションを作り上げることは難しいかもしれません。そこでよくある動画の編集作業のように、不要な部分を切り取り、複数の動画をつなげて、文字を表示する、といった基本的な編集から始めることで、After Effectsの機能を1つずつ覚えていくことができます。

　また、将来的にはPremiere Proと連携してより本格的な動画作成に取り組むこともできます。Premiere Proで編集し、その中の一部分だけをAfter Effectsを使ってさらに加工を加えるといった作業も可能です。

After Effectsでも、他の動画編集アプリのように、基本的な編集から始めると効率よく使い方を習得できる。

動画の一部分にさまざまな効果を付けて変化のある映像作品を作れる。

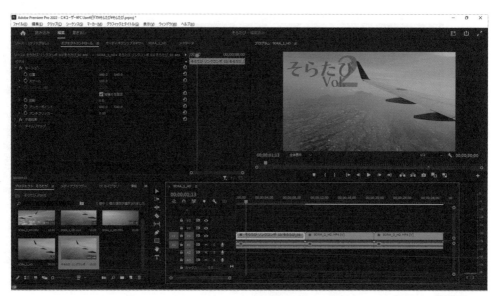

Adobeのもう1つの動画編集アプリ「Premiere Pro」と連携するとより高度な編集もできるようになる。

Chapter » 1

Section » **02**

After Effectsでできること

基本的な動画編集から映像の創作まで

After Effects は、動画編集の基本的な機能に加えて、特にエフェクト（効果）を付けることを得意とします。動画に動きや変化を付けて、映画で見るような映像効果を出すこともできます。

基本的な編集からクリエイティブな作品作りまで

　After Effectsといえば、複雑な操作でアニメーションや動画の変化を作り出すアプリという印象があります。もちろんそれは正しいのですが、その印象はPremiere Proとの比較をすることでより強調されがちです。

　After Effectsでも他の動画編集アプリのように、撮影した動画ファイルを読み込んで、さまざまな加工を加えて、1つの完成動画として保存することは同じです。動画編集の「動画を加工して仕上げる」という目的はAfter Effectsでも同じです。

　その中の「加工」の部分で、Premiere Proなどの他の動画編集アプリとは得意な部分が違います。

　基本的な動画編集といえば、どのようなものを思い浮かべるでしょうか。おそらく「不要な部分をカットしてつなげる、効果音を付ける、テロップ（文字）を加える」といったイメージがあるかもしれません。これはどのような動画編集アプリでもできます。その上で、たとえばテロップ（文字）を加えるとき、ただ文字を表示するのか、いろいろな動きを付けて文字を表示するのかで、動画の印象は大きく変わります。この「いろいろな動きを付けて」の部分がAfter Effectsの得意とするところです。

After Effectsでは、イラストを切り抜いて動画に重ねるといった凝った編集もできる。

　他の動画編集においては複雑な設定が必要な動きの効果を、After Effectsでは少ない操作で実現できます。

　ただし、After Effectsは、その部分の加工に集中することが得意なので、長い動画に多くの加工を加えながら、長編の動画に仕上げることはあまり得意ではありません。多数の動画を連続して再生したり、重ねたりするような編集であれば、一般的な動画編集アプリの方が得意かもしれません。

　After Effectsは、1つもしくはいくつかの動画を使って、より凝った加工ができるアプリと考えるとよいでしょう。

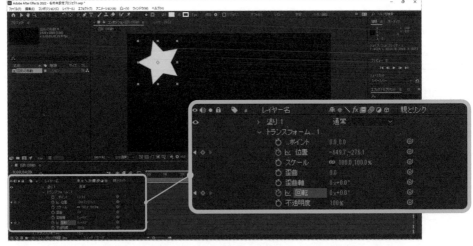

タイムラインには1段ごとにエフェクトなどの設定が表示され、細かい調整がしやすい。

Chapter » 1

Section » 03

After EffectsとPremiere Proの違い

After Effectsは加工が得意な動画編集アプリ

After Effectsを発売しているAdobeには、もう1つ動画編集アプリ「Premiere Pro」があります。同じ会社から2つの動画編集アプリがあるのは、何か違いがあるのでしょうか。ポイントは「使い分け」です。

After Effects は動画の「加工」が得意な動画編集アプリ

　「After Effects」も「Premiere Pro」も同じ動画編集アプリです。ただ After Effects は、Premiere Proのような一般的に広く思い描かれるような動画編集アプリとは少し違います。

　特徴は部分的に加工を行うときに向いていることで、Premiere Proよりもより凝った効果を簡単に加えることができます。たとえば動画そのものを立体的に動かしたり、アニメーション効果を合成したりといった、Premiere Proでは難しく手間のかかる作業を簡単にできるように工夫されています。そのため、1つの動画ファイルにさまざまな加工をすることに向いたアプリです。一方で、Premiere Proのようにいくつもの動画を切ったりつなげたりすることはあまり得意としません。できないことはないですが、そのような作業はPremiere Proの方が圧倒的に効率よく、短時間で完成させられます。

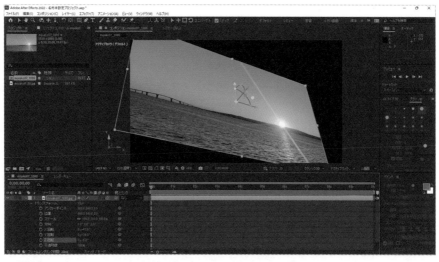

映像に立体的な変化を付けることもAfter Effectsが得意とする機能。

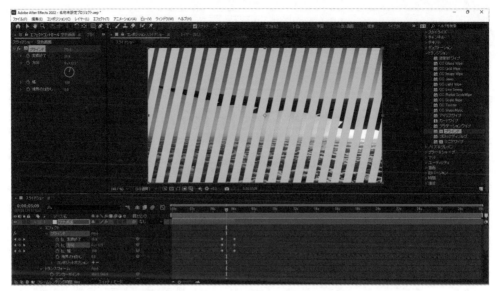

After Effectsの画面。After Effectsでは「レイヤー」と呼ばれる層に素材や効果を積み重ねていく。レイヤーごとに設定するので、効果を重ねてより凝った映像の変化を付けることができる。

Premiere Pro は総合的な動画編集アプリ

　一方で「Premiere Pro」は、いわゆる誰でも思い浮かべる動画編集アプリです。撮影した動画を、不要な部分をカットしたり、複数の動画を使ってつなげたり、テロップを入れたり……さまざまな加工ができます。画面を見ると、タイムラインに動画や文字の要素が並び、さまざまな素材をタイムラインに乗せながら1つの動画を仕上げます。

　これは一般的な動画編集アプリで基本的に共通の方法です。発売する会社によって、できる機能や操作方法、あるいはあらかじめ用意されている効果のテンプレートなどは違いますが、どの動画編集アプリでも、画面構成はとても似ています。

　そのため、漠然と「動画編集をしたい」と思ったら、Premiere Proを選ぶのが妥当かもしれません。

　つまり、After Effects は1つ～数個の動画ファイルにさまざまな加工を加えることに向いたアプリです。一方でPremiere Pro はいくつかの動画ファイルを使って長い動画作品を作ることに向いたアプリといえます。

Premiere Proの編集画面。「タイムライン」と呼ばれる場所に動画や音楽、画像などの素材を並べて、それ
ぞれの素材の中で加工や調整を設定していく。タイムラインやプレビュー画面など、一般的な「動画編集ア
プリ」はどれでも似たような構成になっている。

　では、両方使えばもっと本格的な動画ができそうです。実はその通りで、Premiere Proと
After Effects は相互に連携ができます。たとえばPremiere Proで編集している動画の一部分
を After Effects に読み込んで、より凝った加工を加えるといった作業が簡単にできます。

Adobeのアプリには「Adobe Dynamic Link」と呼ばれる連携機能があり、他のアプリを読み込みながら編
集ができる。

Chapter » 1

Section » 04

After Effectsを選ぶ理由

将来的にはPremiere Proとの併用も検討

After Effectsは、汎用的なアプリとは少し違いますが、その分、ちょっと違う動画作りを楽しめる可能性があります。また将来的にはPremiere Proと合わせて本格的な動画作りに発展もできるでしょう。

一度決めたらしばらくは乗り換えない

After Effectsを選ぶ理由は、高度なエフェクト機能を持ちながら、基本的な動画編集もできることでしょう。また、総合的ともいえるPremiere Proとの連携ができることも魅力です。

初心者であれば基本的な編集や加工から始められますし、使っていてさまざまな機能を使えるようになりながら腕を磨き、上級者に近づきます。上級者になれば自作のアニメーション効果のようなこともできるようになりますし、Premiere Proと合わせて高度なテクニックを活かした動画作りができます。つまり、最初にAfter Effectsを選んでから、「もうAfter Effectsを使わない」ことがないくらいに使い続けられます。

動画編集アプリはそれぞれの特徴はあるものの、全体で見ればどれも同じような構造です。したがって途中で好みのアプリに乗り換えられないこともありません。ただやはりアプリごとに操作方法が違いますし、メニュー構造も変わります。またあらかじめ用意されているテンプレートなども違います。途中で乗り換えると、これまで覚えてきたことを再現できなくなったり、操作方法をもう一度覚え直したりしなければいけません。そこでいったん立ち止まるくらいなら、最初からずっと同じアプリを使っていた方が早く上達するでしょう。

また保存するファイル形式に互換性がないので、前に使っていたアプリで作った動画を今のアプリで読み込むといったことはできません。

言い換えれば、先々のことを考えて、ずっと使っていけるアプリを選ぶことが賢い選択といえるでしょう。

↖ CyberLinkの「Power Director」。特にWindows版ではAdobe製品に比べ廉価でユーザーも多いが、After Effectsとのデータの互換性はない。

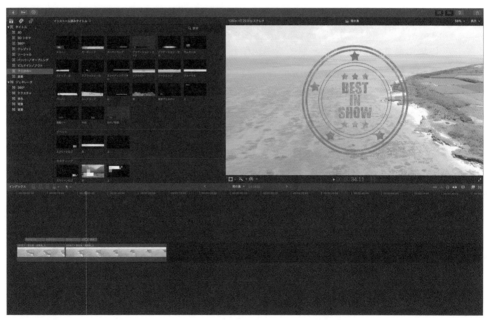

↖ Appleの「Final Cut Pro Plus」。Macユーザーが多く使っている動画編集アプリ。こちらもAfter Effectsとの互換性はない。

Chapter » 1

Section » 05

After Effectsの料金

After Effectsはサブスクリプション

After Effectsは、サブスクリプションで提供されています。買い切りの設定はありません。したがって定期的に利用料金を支払いますが、常に最新版を利用できるメリットがあります。

サブスクリプションのプランは2つ

After Effectsはサブスクリプション形式で提供されています。つまり、一定期間に利用料金を支払い、期間後も継続して利用するためには新たに料金を支払って更新します。

買い切りで販売されているアプリも多くありますが、サブスクリプションで支払うアプリは常に最新版を使うことができる、使わなくなったときにいつでもやめられるといったメリットがあります。

After Effectsのサブスクリプションは、大きく分けて2つのプランがあります。

❶他のさまざまなAdobe製アプリも使える「コンプリートプラン」
❷After Effectsだけを使える「単体プラン」

❶のコンプリートプランは、After Effectsの他に、写真を加工する「Photoshop」やイラストを描く「Illustrator」など、多くのAdobe製アプリを使えるプランです。同じ動画編集アプリの「Premiere Pro」も使えます。それぞれの分野では業界でもプロが使っているようなアプリなので、高度なアプリが一定の料金で「使い放題」となります。写真の修整や加工もしたいのであれば、アプリごとに単体でそれぞれ支払うよりも料金を節約できます。

料金プランは「Adobe Creative Cloud」のWebサイトで最新の価格を確認する。

❷の単体プランは、After Effectsだけを利用するためのプランです。「動画の編集だけできればいい」という人に向いたプランで、コンプリートプランよりは安く設定されていますが、差額はそれほどありません。もし、同じ動画編集アプリの「Premiere Proも使いたい」、あるいは「写真の修整には別のアプリを使っている」「イラスト用のアプリを買おうと思っている」というのであれば、多くのアプリを使えるコンプリートプランを選んだ方が、全体のコストを抑えることができる上に、高度な機能を持ったアプリを使えるようになります。

基本はこの2つのプランから選びます。契約は1か月ごとの更新ですが、1年まとめて支払うと少し安くなります。1か月だけしか使わないことはまずないでしょうから、これから動画に取り組もうと思ったら、1年契約がおすすめです。

この他に、学生や教育関係者向けに割引されるアカデミックプランや、法人向けプランなどがあります。また、ときどきセールが行われていて、通常のコンプリートプランや単体プランでも割引で契約できることがあります。

プランは大きく分けて2つ。「コンプリートプラン」では写真、映像に関連するほぼすべての製品を使える。

「単体プラン」は各アプリと一部の関連するアプリのみを使う場合に利用する。

Chapter » 1

Section » 06

After Effectsを購入・登録する

Adobeの公式サイトで購入する

After Effectsはサブスクリプション形式の利用になるので、Adobeの公式サイトでプラン
を契約すれば、利用できるようになります。購入時にはAdobeアカウントを作成します。

Adobe アカウントを作成する

1 「Adobe Creative Cloud」
のWebサイトを表示し、「ロ
グイン」をクリック。

2 「アカウントを作成」をク
リック。

💡 One Point

Adobe Creative Cloud

　After Effectsをはじめ、サブ
スクリプション形式で提供され
ている一連のアプリは「Adobe
Creative Cloud」というサー
ビスに含まれます。したがっ
て、After Effectsは、「Adobe
Creative Cloudの中にあるAfter
Effectsを使う」というイメージ
です。「Microsoft Officeの中に
含まれるExcel」と同じような位
置づけです。

3 登録する情報を入力し、「アカウントを作成」をクリック。

4 アカウントが登録され、右上にアカウントのアイコンが表示される。

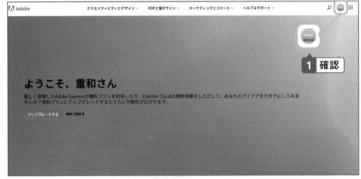

サブスクリプションを契約する

1 ログインした画面で「今すぐ購入する」をクリック。

2 プランと価格が表示されるので、画面をスクロールする。

3 After Effects単体で購入する場合、「After Effects - 単体プラン」の「購入する」をクリック。

4 支払い情報を入力し、プランと支払方法を確認する。その後「注文する」をクリックすると、購入が完了する。

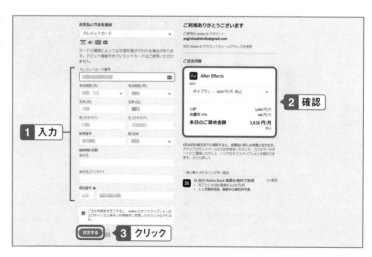

◆One Point

コード番号を購入する

　Adobeのサブスクリプションプランは、Amazonや家電店で専用の登録コード（登録用の暗号）を購入して、Adobe公式サイトで登録することもできます。

　裏にコードが書かれたカードは家電店などで購入でき、Amazonなど通販ではメールでコードが送られてきます。Adobeの公式サイトではクレジットカードが必要になるので、現金で支払いたいときなどに利用できます。

Chapter » 1

Section » 07

After Effectsをインストールする

Adobe Creative Cloudアプリからインストール

サブスクリプションの契約が終わったら、アプリをインストールします。After Effectsを含めたCreative Cloudに含まれるアプリは、「Adobe Creative Cloud」アプリを使ってインストールします。

Creative Cloud アプリをインストールする

1 ブラウザーでCreative Cloudのサイトにログインし、「Creative Cloudを開く」をクリック。

2 「After Effects」の「ダウンロード」をクリック。

One Point

関連するアプリを一括でインストールする

アプリによっては、関連する一部のアプリも同時に利用可能です。たとえば「After Effects」では、動画ファイルを変換する「Media Encoder」などをインストールできます。画面に「インストール」または「ダウンロード」と表示されているアプリは利用できますので、必要に応じてダウンロードし、インストールしておきましょう。

3 ダウンロードが完了したら「開く」をクリック。

4 「続行」をクリック。

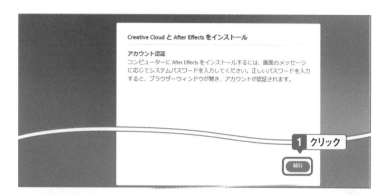

5 「インストールを開始」をクリック。

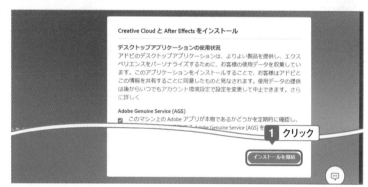

6 アンケートが表示されるので、該当する回答をクリックして「続行」をクリック。

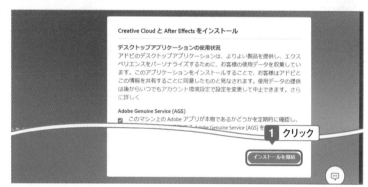

One Point

スキップもOK

インストールではアンケートが表示されますが、回答は任意です。また回答によって何か変わることもありません。「スキップ」をクリックして進めても構いません。

7 インストールが完了すると、自動的にCreative Cloudアプリが起動するので、「OK」をクリック。

After Effects をインストールする

1 「After Effects」のインストールが行われる。もし「After Effects」に「インストール」が表示されていたら、「インストール」をクリック。

2 インストールが完了して、背面にAfter Effectsが起動したら、「×」をクリックして一度終了する。

One Point
同時使用は2台まで

　After Effectsは、1つのライセンスにつき2台までの同時使用が認められています。（P.42参照）

Chapter » 1

Section » 08

Creative Cloudからログアウトする

通常はログアウトする必要はない

After Effectsを使っている間は、Creative Cloudにログインしている状態です。普段は特にログアウトする必要はありませんが、別のパソコンで新たにAfter Effectsを使う場合などにはログアウトが必要になることもあります。

Creative Cloud アプリでログアウトする

1 アカウントのアイコンをクリックし、「ログアウト」をクリック。

2 「続行」をクリックすると、ログアウトした状態の起動画面になる。

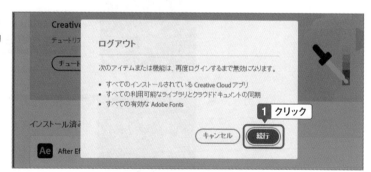

One Point

パソコンを買い替えたときにもログアウトする

　パソコンを買い替えたときなど、After Effectsを別のパソコンで使いたいときにもログアウトします。ログアウトすると「そのパソコンでは使っていない」ことになり、同じAdobeアカウントを使って別のパソコンで使えるようになります。

Chapter » 1

Section » 09

Creative Cloudにログインする

サブスクリプションを有効にするために必要

After Fffectsはサブスクリプション形式で利用するので、利用中はCreative Cloudにログインしておく必要があります。アプリは定期的に契約状態をインターネット経由で確認し、利用できる仕組みになっています。

Creative Cloud アプリでログインする

1　Creative Cloud アプリを起動する。その後メールアドレスを入力し、「続行」をクリック。

2　パスワードを入力し、「続行」をクリックすると、ログインした状態の画面が表示される。

Chapter » 1

Section » **10**

After Effectsを起動する

起動時には機能を読み込むので時間がかかる

After Effectsを起動するときには、他のアプリに比べて少し時間がかかると感じるかもしれません。起動中にプラグインと呼ばれる機能を持った追加部品のようなプログラムを読み込むため、少し時間がかかります。

スタートメニューから起動する

1 「スタート」ボタンをクリックし、「すべてのアプリ」をクリック。

2 「Adobe After Effects」をクリック。

◆ One Point

年代でバージョンアップする

After Effectsは年ごとにバージョンアップが行われます。「Adobe After Effects」の後ろにバージョンを示す年代が表示されます。

3 After Effectsが起動し、最新情報やヒントが表示される。「次へ」をクリックするとすべての情報を確認できる。閉じるには「×」をクリック。

4 起動画面が表示される。

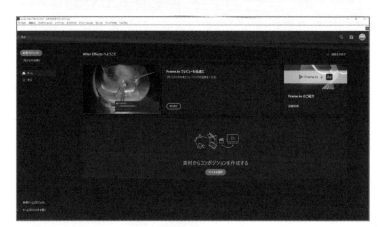

⚙ One Point

起動画面は作業画面とは違う

　After Effectsの起動画面は、プロジェクトを作成するための画面です。実際の編集画面はプロジェクトを作成したあとに表示されます。

Chapter » 1

Section » **11**

After Effectsの画面を見る

基本画面は4つの要素で構成される

After Effectsで動画を編集するときの基本となる画面は大きく4つに分かれます。4つに分かれた領域の中で、機能を選んだり数値を調整したりして加工します。この画面は編集の状況によって使いやすい状態に変化します。

ワークスペースを見る

　　　　After Effectsの画面は作業の内容によって使いやすいように切り替えることができます。もっとも基本となる編集画面は、大きく4つの領域に分かれており、主に使うのは以下の3つです。

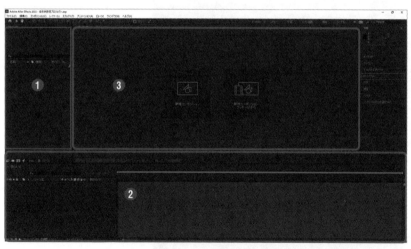

❶プロジェクトパネル：作成・編集しているプロジェクトを表示します。
❷タイムラインパネル：動画ファイルや効果を読み込み、配置します。
❸コンポジションパネル：編集している動画の画面を表示します。表示された画面を見ながら編集ができます。

One Point

ワークスペース

　ワークスペースとは、その名の通り、「作業場所」のことです。After Effectsの画面全体を1つの作業場所に見立てて、その中に状況に応じた小さな場所を配置して、編集作業をします。基本となる編集画面ではこのように4つの画面が表示されていますが、状況によって切り替えながら、よく使う機能をワークスペースに並べて使います。

35

Chapter » 1

Section » **12**

After Effectsのワークスペースを
使い分ける

作業の内容によって切り替えながら使い分ける

After Effectsの画面は、自分が使いやすいように表示内容やレイアウトを変えることができますが、作業の内容によって便利な画面があらかじめいくつか用意されています。それらを切り替えると効率よく編集できます。

ワークスペースを切り替える

●デフォルト

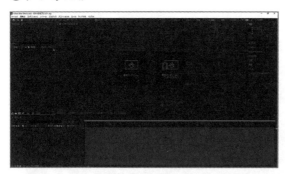

　初期状態の配置で、「標準」と似ています。右側の情報やプレビューなどの設定パネルの配置が一部異なります。

●レビュー

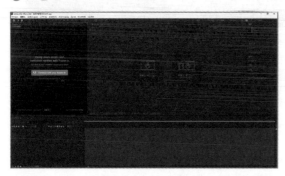

　「Frame.io」というファイル共有サービスを使って共同作業をするためのパネルが表示されます。

●学習

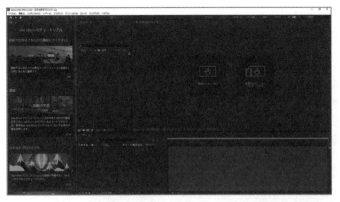

チュートリアル（練習用の素材）を使ってさまざまな手順を学習できます。

●小さい画面

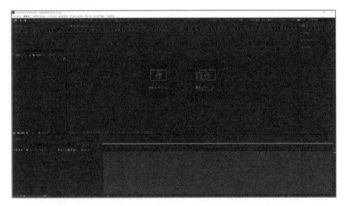

小さめなパソコン画面に適した設定で、項目を絞り込んで見やすくしています。

●標準

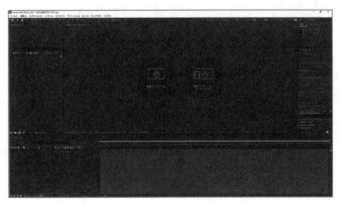

　もっとも標準的なワークスペースです。基本的には「標準」を使うとどのような編集にも
対応できます。

● ライブラリ

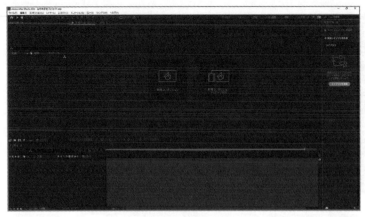

　Adobe Creative Cloudのオンラインサービスを使って素材を取り込むパネルが表示されます。

🌀 One Point

この他のワークスペース

　この他に、あらかじめ用意されているワークスペースには「アニメーション」「エッセンシャルグラフィックス」「カラー」「エフェクト」などがあります。これらはアニメーションの作成や色の調整など、それぞれ特徴的な機能を使いやすく配置しています。ただしワークスペースは、あくまで作業に向いた画面の配置を設定したものなので、必ずそれを使わなければいけないということではありません。基本的には、万能な「デフォルト」または「標準」で作業していきましょう。

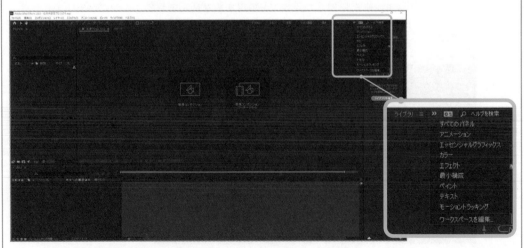

ワークスペースは、右上のタブまたはタブの「＞＞」をクリックして切り替える。

Chapter » 1

Section » **13**

After Effectsの構造

「プロジェクト」の中で作業する

よく使うワープロや表計算などのアプリは、名称未設定で白紙から作成することもあります。しかし動画編集アプリでは、最初に「プロジェクト」という全体を管理するファイルを保存してから始めます。

プロジェクトという箱の中で動画を作る

After Effectsでは、最初に大きな枠組みとなる「プロジェクト」を保存します。もちろん最初なので中身は空っぽの状態です。

プロジェクトは大きな箱で、使用する動画ファイルや音声、画像をはじめ、さまざまな効果など使う素材や、素材の使い方など全体の情報がまとめられています。

次に、プロジェクトの中に「コンポジション」があります。コンポジションは、動画ファイルや音声、画像などがどのように組み合わされているか、どのような加工をしているかを保存した情報です。After Effectsのコンポジションは、Premiere Proでは「シーケンス」と呼んでいるものに似ています。

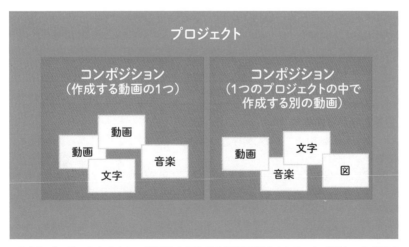

大きなプロジェクトの中に、動画や文字などの素材で構成されるコンポジションがある。

最初に「プロジェクト」を作成し、撮影した動画や写真、音楽などの素材を「コンポジション」に読み込む。

✎ One Point

素材の動画が組み込まれるのではない

　After Effectsは、元の動画ファイルに直接加工を行いません。あくまで元の動画ファイルを「どのように加工してどのように再生するか」という情報だけを編集作業で記録していきます。動画の他に、写真や音声などの素材ファイルを組み合わせるなら、「どの部分でどの動画ファイルを使って、どのような効果を加えて、さらに写真はこの場所で表示して、BGMをここでこれぐらいの音量で流して……」といった情報を作成していきます。このような、情報が記録されたファイルが「プロジェクトファイル」です。

　そのため、動画を編集するにあたって、その情報を保存する「箱」が必要になり、プロジェクトファイルを最初に作成します。このような仕組みは、元のファイルを開いて直接変更し、上書き保存するワープロや表計算アプリとは異なり、慣れるまでは違和感があるかもしれませんが、After Effectsに限らず、本格的な動画編集アプリはほぼ例外なく「プロジェクトファイルの作成」から始めます。

✎ One Point

保存場所を考え整理しながら作る

　プロジェクトファイルは元の動画ファイルなどの素材ファイルを読み込んで、加工する情報を作成していきます。そのため、常にに元の動画とリンクしています。

　このときに大切なのがファイルの管理です。とりあえずスマートフォンからデスクトップにコピーした動画ファイルを使って編集を始めてしまうと、動画ファイルをデスクトップからどこかに移動したとき、プロジェクトファイルでは元の動画ファイルが見つからず、読み取れなくなってしまいます。

　したがって、使う動画ファイルや写真、音楽などの素材ファイルを整理して、あとから移動や削除をしなくてもいいフォルダーに保存してから編集を始めます。

Chapter ≫ 1

Section ≫ **14**

After Effectsを終了する

メモリーの節約のためにも終了する

After Effectsは、高機能なアプリです。そのため、パソコンのメモリーを多めに使ってしまうことがあります。他のアプリの動作を邪魔しないためにも、作業が終わったら終了しましょう。

After Effects を終了する

1 「ファイル」をクリックし、「終了」をクリック。

One Point

こまめに終了しなくてもよい

　動画ファイルの編集は、他のワープロアプリなどに比べると、メモリーを多く消費します。そのため、作業が終わったらこまめに終了した方がメモリーの節約になりますが、あまりこまめに終了と起動を繰り返しても、パソコンに負荷がかかりますし、再度起動する際に待つ時間が生まれます。同じパソコンでしばらく他の作業をするときに終了する、程度に考えればよいでしょう。

☕ Column　同時に使用できるのは2台まで

　After EffectsをはじめとするAdobe Creative Cloudのアプリは、1つのプラン契約で利用できるパソコンは2台までです。たとえば、デスクトップパソコンとノートパソコンの1台ずつで同時に利用することができます。

　ただし、同時に利用しなければ、3台以上のパソコンにインストールすることができます。3台以上のパソコンにAfter Effectsをインストールした場合、「Adobe Creative Cloudにログインしている2台までのパソコンで利用可能」となります。

　つまり、A、B、Cの3台のパソコンを持っている場合、3台すべてにAfter Effectsをインストールすることはできます。ただし、たとえばAとBのパソコンがAdobe Creative Cloudにログインしている場合、CのパソコンでAdobe Creative Cloudにログインするためには、AまたはBのパソコンはログアウトする必要があります。After Effectsを起動するにはAdobe Creative Cloudにログインが必要になるので、必然的に同時利用は2台までとなります。

　3台めのパソコン（上の例でCのパソコン）でAfter Effectsを起動すると、他の2台のいずれかのパソコンからログアウトする画面が表示されます。ここでログアウトするパソコンを選択すると、3台めのパソコンでAfter Effectsの起動画面が表示されます。一方でログアウトしないと、After Effectsは起動せず、自動的に終了します。

　なお、Adobe Creative Cloudに登録した1つのIDで契約できるプランは1つまでです。もし3台以上で同時にAfter Effectsを利用したい場合には、複数のAdobe Creative Cloudを登録し、それぞれのIDでプランを選択することになります。

複数の動画を
連続再生させよう

動画を作るときにもっとも多く行うことは、複数の動画をつなげて１つの動画にすることではないでしょうか。いくつかの動画から１つの動画に編集することで、新しい作品が生まれます。After Effectsで複数の動画を組み合わせて編集するときは、動画の間のつなぎ方がポイントになります。

Chapter » 2

Section » 01

ワークスペースを設定する

ワークスペースは作業しやすいレイアウトを使う

After Effectsで動画を編集するときには、さまざまな役割を持つ小さなパネルを並べて表示します。この全体を「ワークスペース」と呼びます。

「標準」「編集」「エフェクト」の 3 つのワークスペースを使う

After Effects を起動すると、初期画面が表示されるので、「新規プロジェクト」をクリックします。すでに作成したプロジェクトファイルがある場合は、初期画面でプロジェクトファイルを開くこともできます。

新規プロジェクトを作成すると「名称未設定プロジェクト」、または新規プロジェクトの作成時に設定した名前のプロジェクトファイルが作成されます。この状態では何のデータも登録されていません。After Effects の画面全体がいくつかのパネルに分かれていることがわかります。この画面全体を「ワークスペース」と呼びます（Section1-11、1-12参照）。

初期状態では「標準」ワークスペースが表示されていますが、ワークスペースは作業内容や目的によっていくつかの種類が登録されていて、切り替えながら作業できます。

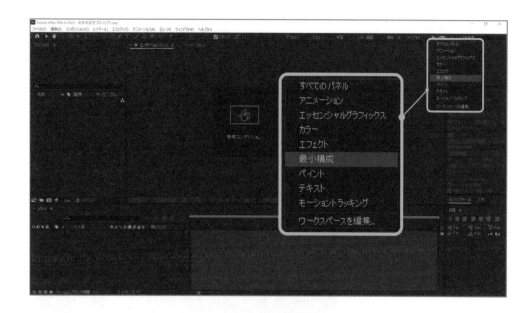

ワークスペースの種類によって、パネルの種類や並び方が変わります。「標準」ワークスペースは汎用性の高い配置になっていて、この他に「ライブラリ」や「エッセンシャルグラフィックス」、「最小構成」など用途によって使い分けます。

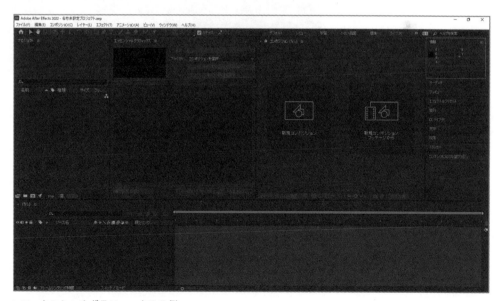

エッセンシャルグラフィックスの例

Chapter » 2

Section » **02**

コンポジションを新規作成する

コンポジションは動画全体をまとめたデータ

1つの動画を作るときに使う、動画ファイルやBGM、写真などの素材に加えて、効果や設定などをひとまとめにしたものを「コンポジション」と呼びます。

コンポジションを作成する

1 新規プロジェクトを作成し、コンポジションパネルの「新規コンポジション」をクリック。

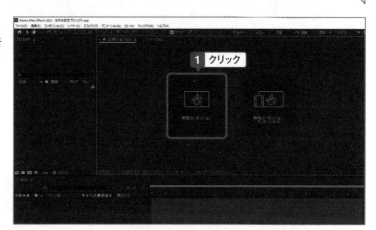

One Point

動画の仕様

動画の仕様では、動画の画面サイズや解像度、データの形式などを選択します。これらの設定はあらかじめ「プリセット」に登録されていて、一般的には「HDTV 1080 29.97」を選択するとYouTubeなどにも適した動画を作成できます。「HDTV 1080 29.97」は「フルHDサイズで、フレームレート29.97」の標準的な動画サイズです。

One Point

デュレーション

コンポジション設定にある「デュレーション」は、動画の長さを示しています。これから作成する動画の全体の長さを時間とフレーム数で指定します。書式は「時間,分,秒,フレーム数」で、たとえば30秒ちょうどであれば、「0,00,30,00」となります。末尾のフレーム数は、フレームレート（1秒あたりのコマ数）が29.97であれば、00～29の間で設定します。

2 作成する動画の仕様を選択
して、「OK」をクリック。

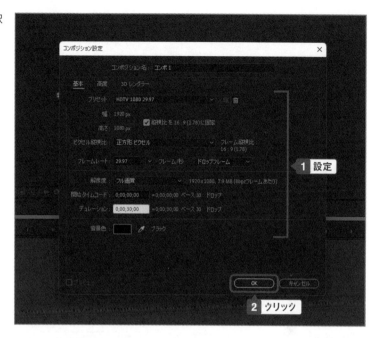

3 コンポジションが作成され、
タイムラインパネルに「コン
ポ1」が登録される。

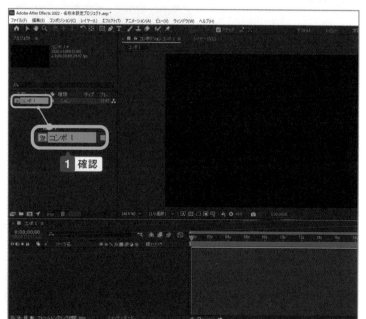

🎵 One Point

コンポジションの名前

　コンポジションを作成するときに、「コンポジション設定」ダイアログボックスでコンポジションの名前を変更できます。初期状態では「コンポ1」「コンポ2」……と設定されます。

Chapter » 2

Section » 03

使う動画の素材をパネルに登録する

プロジェクトパネルに登録してコンポジションに読み込む

編集で使う動画ファイルを読み込み、プロジェクトパネルに登録します。元のファイルの保存場所をあらかじめわかりやすいように考え、あとでリンク切れしないようにしておきます。

プロジェクトパネルに動画を読み込む

1 新規コンポジションを作成したら、動画が保存されているフォルダーを表示して、使う動画を選択。その後、動画をプロジェクトパネルにドラッグ。

2 動画がプロジェクトパネルに読み込まれる。

One Point

動画はまとめて読み込む

コンポジションには使う動画をまとめて読み込みます。1つずつ読み込むこともできますが、まとめて読み込んでしまった方が作業は楽になります。不要な動画をあとから削除したり、必要な動画を追加したりすることもできます。

Chapter » 2

Section » **04**

動画をタイムラインに追加する

プロジェクトパネルからタイムラインに配置する

プロジェクトパネルに登録した動画をタイムラインパネルに追加して配置します。タイムラインパネルは実際の動画の再生を時系列で表示したパネルで、レイヤー（層）に分かれています。

タイムラインに複数の動画をまとめて登録する

1 プロジェクトパネルに読み込んだ動画を選択し、タイムラインパネルにドラッグ。

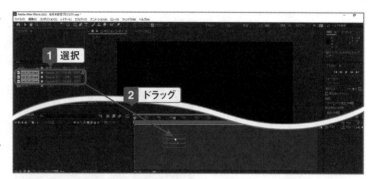

2 動画がタイムラインパネルに登録される。

One Point

レイヤーが重なる

複数の動画をまとめてタイムラインに登録すると、それらの動画が同じタイミングで始まるように重ねて登録されます。この上下の重なりを「レイヤー」と呼び、上にあるレイヤーほど映像の中で表側に表示されます。

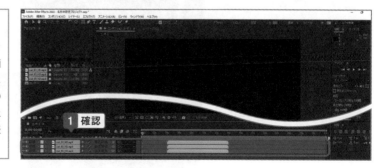

One Point

「複数アイテムから新規コンポジション」ダイアログボックスが表示された場合

新規コンポジションを作らない状態で複数の動画をまとめてタイムラインパネルに登録すると、「複数アイテムから新規コンポジション」ダイアログボックスが表示されます。ここでは動画をすべて１つのコンポジションに登録するか、動画ごとに別のコンポジションを作成するかを選択できます。また、静止画がある場合は再生時間も設定します。ここでは１つのコンポジションにまとめて動画を登録するため、「作成」の「１つのコンポジション」を選択した状態で進めます。

Chapter » 2

Section » **05**

動画の再生位置を移動する

タイムライン上でスライドする

タイムラインパネルで動画をスライドして移動すると、再生位置が移動します。複数の動画や素材が重なっている場合に、前後に移動して再生のタイミングを調整することができます。

動画をドラッグして再生位置を移動する

1 タイムラインパネルをクリックし、タイムラインパネルで、再生位置を移動する動画をクリック。

One Point

インジケーターに合わせる

タイムラインで動画の位置を移動するとき、[Shift]キーを押しながらドラッグすると、インジケーターの位置にぴったり合わせることができます。

2 再生位置をドラッグして移動する。

One Point

連続して再生する

動画を連続して再生する場合には、上のレイヤーの動画の末尾と、下のレイヤーの動画の先頭をそろえます。重なっている部分は下の動画に上の動画が重なり、上の動画だけが見える状態になります。

Chapter » 2

Section » 06

動画の長さを調整する

前後を切り取ってトリミングする

撮影した動画の多くは、前後に不要な部分がありますので、切り取って長さを調整します。
動画の不要な部分を切り取ることを「トリミング」といいます。トリミングはタイムライン
上で行います。

不要な部分を削除する

1 長さを修正する動画をタイムラインでクリックして選択。

2 ドラッグして長さを調整する。

One Point

他の動画とぴったり合わせる

動画の先頭や末尾を他の動画の端とぴったり合わせたいときには、Section2-07の「キーフレーム補助」を使います。

Chapter » 2

Section » **07**

素材（レイヤー）を整列させる

タイムラインの動画を順番に並べる

タイムラインに複数の動画がある場合、再生する順序をずらして並べることで、連続して再生できるようになります。このとき、つなぎ目部分をきれいに接続して並べなければ、再生したときに不自然になってしまいます。

Before

After

複数の素材を連続して並べる

1 並べるレイヤーをすべて選択。

One Point
レイヤーを選択する

レイヤーを選択するときは、タイムラインパネルの左側でレイヤーを選択するか、タイムラインに表示されている動画の再生部分をクリックします。

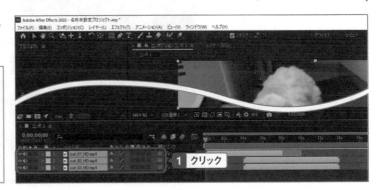

52

2 いずれかのレイヤーの上で右クリックし、「キーフレーム補助」の「シーケンスレイヤー」を選択。

🎵 **One Point**

整列の順序を決める

整列の順序は、レイヤーを選択した順番になります。整列の最初に配置したいレイヤーを最初に選択して、［Shift］キーや［Ctrl］キーを押しながら他のレイヤーをクリックすると、整列の順序を決めることができます。

3 「OK」をクリック。

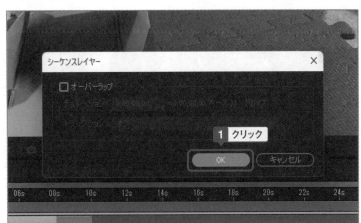

4 レイヤーの素材が整列する。

Chapter » 2

Section » 08

画面の切り替えをスムーズにする

動画のつなぎ目にボカシを加える

動画を連続して再生するとき、つなぎ目にボカシを入れることで自然に切り替わる効果を付けることができます。このような効果は「ディゾルブ」と呼ばれ、After Effectsでは「オーバーラップ」という機能を使い設定します。

Before	After

動画を整列してディゾルブを加える

1 並べるレイヤーをすべて選択。

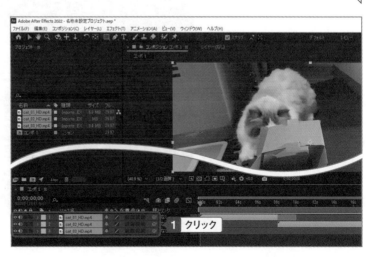

2 いずれかのレイヤーの上で右クリックし、「キーフレーム補助」の「シーケンスレイヤー」を選択。

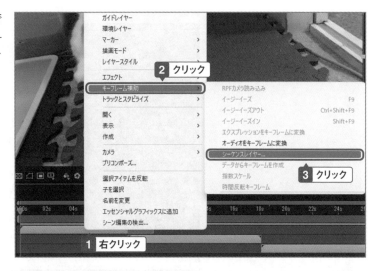

3 「オーバーラップ」のチェックをオンにし、「デュレーション」に重なりの時間を入力する。続いて「トランジション」でディゾルブの種類を選択。

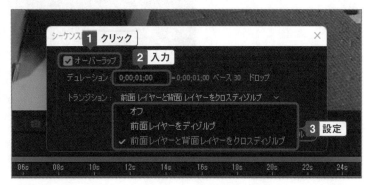

4 「OK」をクリック。

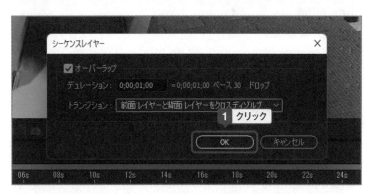

🔵 **One Point**

ディゾルブとクロスディゾルブ

　ディゾルブは一般的に、動画の最初の部分で黒い画面から少しずつ現れ、最後の部分で少しずつ黒い画面に変化します。一方でクロスディゾルブは連続して再生する動画の切れ目で、少しずつ消える映像と少しずつ現れる映像が相互に重なりながら変化します。

5 レイヤーの素材が整列する。切り替え効果の部分はタイムライン上で重なる。

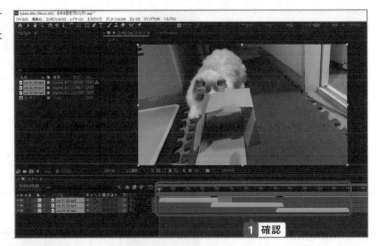

6 切り替え部分を確認する。

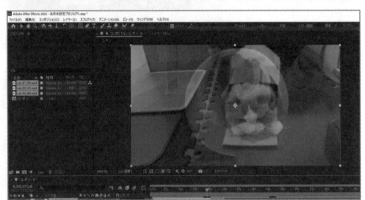

One Point

画面切り替え効果の設定

画面の切り替え効果は、コンポジションに表示されている素材の「＞」をクリックして「トランスフォーム」設定を表示すると確認できます。ここで設定したクロスディゾルブは、「不透明度」を調整していることがわかります。

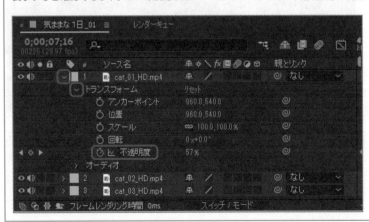

Chapter » 2

Section » **09**

動画の前後にフェードイン・フェードアウトを加える

浮き出るように始まり少しずつ消えるように終わる

動画の前後に、フェードイン、フェードアウトを加えると、再生したときに動画が少しずつ現れて始まり、少しずつ暗くなって終わります。開始と終了になだらかな変化を付けることができます。

Before | **After**

フェードインを設定する

1 動画の最初の部分にインジケーターを合わせて、レイヤーの左側に表示されている「>」をクリック。

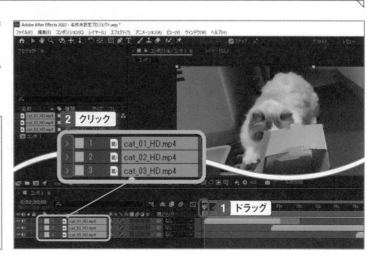

One Point

レイヤーの設定

レイヤーの左側に表示されている「>」をクリックすると、そのレイヤーに設定されている値やエフェクトの情報が表示されます。この状態でレイヤーの要素の設定を行います。

2 「トランスフォーム」の左側
にある「>」をクリック。

🖋 One Point

フェードインの設定

After Effectsにはフェードイ
ンやフェードアウトを直接設定
するエフェクトはありません。
そこで、レイヤーの不透明度を
利用して、不透明度が0から100
に、または100から0になるよう
にすることで、フェードインと
フェードアウトを設定します。

3 「不透明度」のストップ
ウォッチがオンになってい
ることを確認する。オンに
なっていない場合はクリッ
クしてオンにする。

🖋 One Point

ディゾルブでも使用している

不透明度の設定は、ディゾルブでも使用しています。そのため、このレイヤーにはSection2-08で設定したディゾル
ブの設定があり、すでにキーフレームがオンになっています。

4 不透明度に「0」を入力。

🖋 One Point

不透明度の値

不透明度は、「0」の状態で画面が真っ暗な状態になります。「100」にするとその素材の画像や映像が完全に表示さ
れた状態になります。

5 キーフレームが設定される。

キーフレーム

「キーフレーム」とは、タイムラインに配置した動画などの素材に対して、変化を付けるタイミングを指定する機能です。キーフレームを設定した位置で、設定した値が保存されます。キーフレームを設定することを「キーフレームを打つ」と言うこともあります。

6 フレームの値をフェードインが完了する時間に修正する。

7 インジケーターが移動する。

8 不透明度に「100」を入力。

透明度でディゾルブを設定する

フェードイン、フェードアウトはディゾルブ効果の1つで、画面の透明度を変化させることにより再現します。

9 インジケーターの位置に
キーフレームが追加され、
不透明度が「100」に設定
される。

10 再生して映像を確認する。

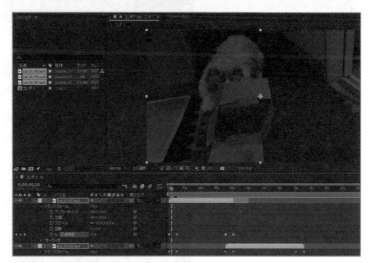

フェードアウトを設定する

1 フェードアウトを追加する
動画の「トランスフォーム」
を開き、フェードアウトを
開始する位置にインジケー
ターを移動する。

2 キーフレームをクリックすると、キーフレームが打たれる。

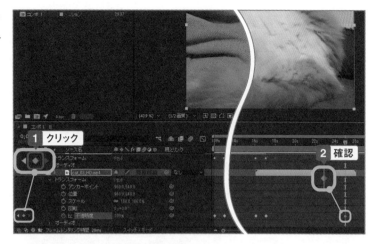

3 真っ暗になり動画が終了する位置にインジケーターを移動し、不透明度に「0」を入力。

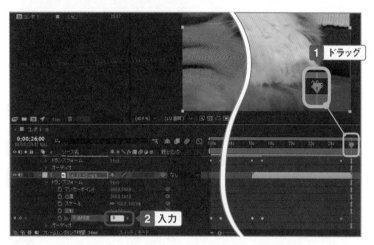

4 フェードアウトが設定されるので、映像を確認する。

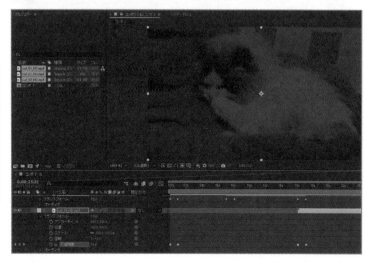

One Point

フェードイン・フェードアウトの時間

　フェードインやフェードアウトで設定する時間はおおむね1〜3秒程度が適切です。短すぎると効果が薄く、一方であまり長いと冗長な印象を受けます。

Chapter ≫ 2

Section ≫ **10**

プロジェクトファイルを保存する

エラーに備えてこまめに保存する

プロジェクトファイルはこまめに保存する習慣をつけます。動画の編集中に万が一エラーが起きて強制終了すると、それまでの苦労が水の泡になってしまいますので、作業の合間に保存するようにしましょう。

名前を変更して保存する

1 「ファイル」メニューから「別名で保存」→「別名で保存」をクリック。

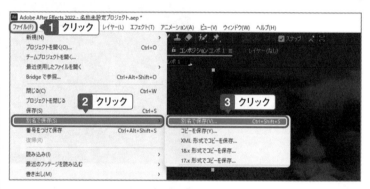

One Point

上書き保存する

上書き保存するときは、「ファイル」→「保存」を選択します。ショートカットキーで［Ctrl］＋［S］キーを押すと上書き保存を簡単にできるので、編集の合間に［Ctrl］＋［S］キーを押す習慣をつけておくとよいでしょう。

2 保存するフォルダーを選択し、ファイル名を入力して「保存」をクリック。

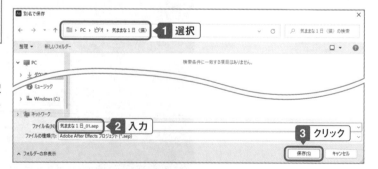

3 ファイルが保存され、タイトルバーにファイル名が表示される。

Chapter » 2

Section » 11

コンポジションの名前を変更する

わかりやすい名前を付ける

コンポジションは、作成時に素材のファイル名などを使って適当に設定されます。その名前をわかりやすい名前に変更しておくと、コンポジションが増えてきたときに整理され編集で混乱がなくなります。

コンポジションの名前を設定する

1 コンポジションを右クリックし、「名前を変更」をクリック。

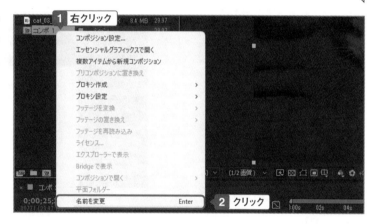

2 名前を入力し、[Enter]キーを押す。

One Point

コンポジションの名前

コンポジションにはわかりやすい名前を付けます。コンポジションの新規作成で指定しないと「コンポ1」のように仮の名前が付けられます。動画の内容がわかるような名前を付けましょう。

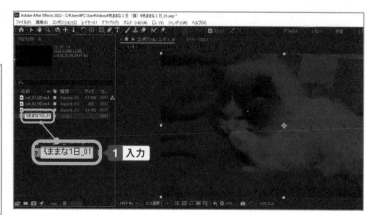

3 名前が変更され、プレビューパネルにも変更したコンポジションの名前が表示される。

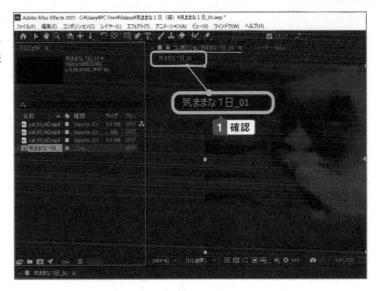

One Point

コンポジション設定で変更する

コンポジションパネルやタイムラインパネルでコンポジションの名前をクリックして「コンポジション設定」を表示しても名前の変更ができます。

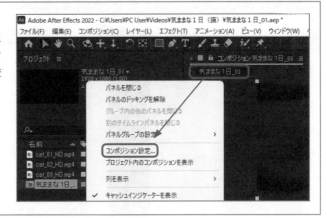

One Point

複数のコンポジションを作成する

1つのプロジェクトには複数のコンポジションを作成できます。同じテーマやシリーズの動画を作る場合、1つのプロジェクトにまとめておくと管理しやすくなります。

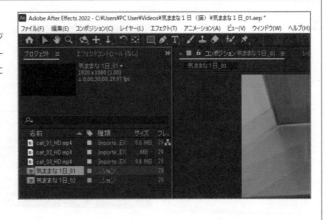

Chapter » 2

Section » **12**

動画を出力する

アプリやネットで再生できるように保存する

After Effectsで作成した動画は、そのままではプロジェクトの状態で保存されています。
そこで一般的な動画再生アプリやYouTubeなどのネットで再生できるファイルに出力し
て、動画ファイルを保存します。

プロジェクトを動画ファイルに書き出す

1 「ファイル」メニューから「書き出し」→「Adobe Media Encoderキューに追加」をクリック。

2 「Adobe Media Encoder」が起動して、キューに追加される。

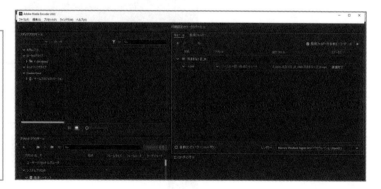

One Point

キュー

「キュー」とは、データなどを蓄積しておく場所のことです。Adobe Media Encoderの場合、キューに追加することは、変換する動画を登録して、変換待ちの状態にすることを示しています。

One Point

Adobe Media Encoder

Adobe Media Encoderは、After EffectsやPremiere Proなどで作成した動画を、一般的に再生できる動画ファイルに出力するための変換アプリです。After Effectsで作成したプロジェクトは、最終的にAdobe Media Encoderを使ってファイルに出力します。

3 「キューを開始」をクリック。

1 クリック

One Point

ファイル名と保存先を変更する

ファイル名や保存先を変更したいときには「出力ファイル」に表示されているファイル名をクリックします。

---

4 レンダリングとエンコードが行われる。

One Point

エンコード

エンコードは、出力するファイル形式に合わせて動画データを変換することです。

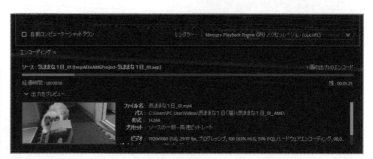

---

5 出力に成功すると、ステータスが「完了」になる。

1 確認

---

6 ファイルが保存される。

1 確認

Chapter **3**

画面に文字を表示しよう

動画に文字を入れるとさまざまな効果があります。たとえば画面の中に大きく文字を表示すれば、注目を集めたり視聴者の視線を重要な位置に移動したりできます。また、動画の内容やセリフを文字で表示することで、内容が理解しやすくなるという実用的な効果もあります。

Chapter » 3

Section » 01

文字を追加する

映像の文字情報は効果的

映像にはしばしば文字を入れます。たとえば画面の場所や人物の名前、あるいは音声といった文字は、映像を補足する情報としてとても見やすく理解しやすいものになり効果的です。

Before	After

動画上に文字を入力する

1 「横書き文字ツール」をクリック。

One Point

「縦書き」にする

縦書きで文字を追加する場合は、「横書き文字ツール」を長めにクリックすると表示される「縦書き文字ツール」を選択します。

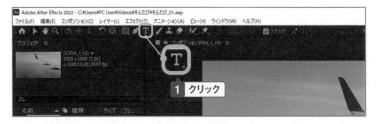

68

2 プレビューパネルの動画上でクリック。

3 動画のレイヤーの上に文字のレイヤーが追加される。

4 文字を入力。

Chapter » 3

Section » **02**

文字のスタイルを変更する

映像に混ざりこまない工夫をする

映像に文字を追加するときには、文字がはっきり見えるような工夫が必要です。映像の色
や被写体の動きなどによって文字のスタイルを変更して、見やすくしましょう。

Before	After

フォントやサイズを変更する

1 ワークスペースのレイアウト
を「テキスト」に切り替える。
「テキスト」が表示されてい
ない場合は「 >> 」をクリッ
ク。

2 「テキスト」をクリック。

One Point

ワークスペースを切り替える

ワークスペースは、画面上部のタブで切り替えます。画面のサイズによって表示されるタブの数や種類が変わります。

3 文字の書式を設定するパネルが表示される。

4 文字を選択して、フォントや文字サイズを変更する。

One Point

文字の書式を設定する

文字の書式設定では、フォントや文字サイズの他に、太字や斜体、文字間隔や文字幅などを設定できます。

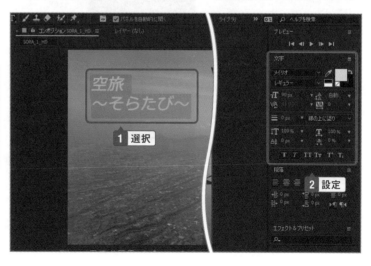

文字に縁取りを付ける

1 文字の選択を解除して、タイムラインパネルの文字のレイヤーを右クリック。

2 「レイヤースタイル」をクリックして、「境界線」をクリック。

> **One Point**
>
> **レイヤースタイル**
>
> 文字の縁取りなどは、文字の「書式」であって「設定」ではなく、「レイヤースタイル」で設定します。「レイヤースタイル」はレイヤーの動画や静止画、図形などにさまざまな効果を設定します。

3 縁取りが表示され、「レイヤースタイル」が追加されるので、「>」をクリックして展開し、「境界線」を表示する。

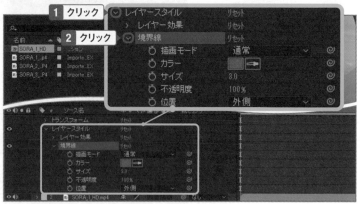

4 カラー表示をクリックして
縁取りの色を変更する。

色を選択する

「カラー」画面で色を選択する
ときには、まず縦長のグラデー
ション表示から選択したい色の
系統（「赤」や「黄色」などおおま
かな色）をクリックして、続いて
左側に表示される濃度や彩度を
選びます。

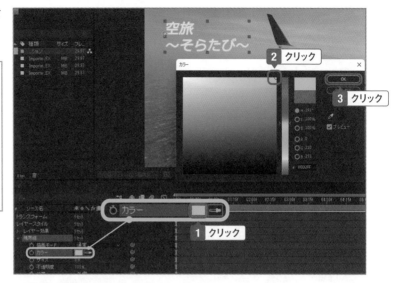

5 「サイズ」の数値を変更して
縁取りの太さを変える。

縁取りは太めに

　動画に重ねた文字は、動画と混ざり見づらいことが多く、縁取りを付けることで見やすくなります。縁取りは太めに
設定した方が目立ち、よりわかりやすくなります。

Chapter » 3

Section » 03

文字の表示時間を変更する

再生時間の扱いも映像と同じ

動画に追加した文字は、タイムラインパネル上で動画と同じように長さを調整できます。
このとき、終了位置を指定してから開始位置を合わせることがポイントです。

動画の前後を短縮する

1 タイムラインで動画の末尾
をドラッグして短縮する。

2 タイムラインで動画をドラッ
グして移動する。

⚙ One Point

静止画の場合は先頭を短縮しても同じ

　静止画の場合、同じ画像が連続して表示されている状態です。そのため先頭の位置を移動するときには、動画全体を
移動しても、先頭を短縮しても同じです。ただし先頭を短縮した場合は、再生時間が短くなります。再生時間を決めて
から開始位置を移動する場合は全体の移動で、終了位置を決めてから開始位置を設定したい場合は開始位置の短縮を
して、静止画の再生位置を調整します。

Chapter » 3

Section » **04**

文字を少しずつ表示する

透明度を調整すれば少しずつ現れる

動画の文字は、場面によっては突然現れるよりも、少しずつ現れた方が自然に見えます。動画に設定するディゾルブ効果と同じように、透明度を使って文字を少しずつ表示したり消去したりします。

Before

After

エフェクト「クロスディゾルブ」を加える

1 文字の先頭位置にインジケーターを移動する。

🖐 One Point

インジケーターの移動

インジケーターをドラッグしても、時間とフレーム数を直接入力しても、インジケーターを移動できます。

2 レイヤーの「トランスフォーム」の「>」をクリックして展開したら、「不透明度」のストップウォッチをクリック。

上のレイヤーを変化させる

　ディゾルブ効果では、上側のレイヤーで透明度を変化させます。この場合、上側には文字のレイヤーがあり、下側に全体の映像があります。上側にある文字のレイヤーの透明度を変化させることで、その部分の下側にある映像のレイヤーの見え具合が変わるようになります。

3 キーフレームが追加される。

4 「不透明度」を「0」に設定する。

5 文字が表示されなくなる。

6 文字が完全に表示される位置にインジケーターを移動する。

One Point

時間を指定して移動する

インジケーターを移動するときに、左上の時間表示の数値を修正すると、「1秒ちょうど」のような設定ができます。

---

7 キーフレームを追加する。

8 「不透明度」を「100」に設定する。

One Point

半透明で止める

文字を完全に表示させるには、不透明度を「100」にしますが、「70」や「80」に設定すると、うっすらと背後の映像が映り込んでいるような状態にできます。演出によってはこのように「透けたタイトル」を作ることもあります。

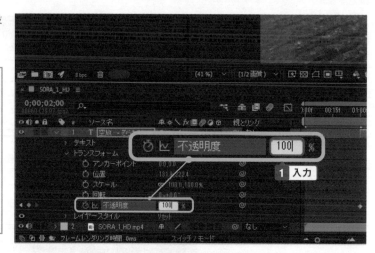

9 文字が表示される。

10 インジケーターを移動して変化を確認する。

Chapter ≫ 3

Section ≫ **05**

大きさが変化するタイトルを作る

文字が小さくなり消える

文字を動かす表現で、大きさを変えながら現れたり消えたりする方法が考えられます。画面の文字が最後は小さくなって消えるような動きを作ります。

Before	After

文字を小さくしながら消す

1 動きの開始位置にインジケーターを移動する。

☞ One Point

大きさを変える

　文字や図形、映像の大きさを変えるときは、「トランスフォーム」の「スケール」で設定します。元の大きさを「100％」として、比率を指定します。

2 「トランスフォーム」の「スケール」でキーフレームを追加する。

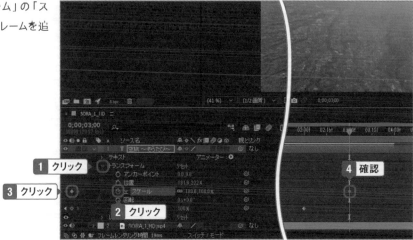

3 文字が完全に消える位置にインジケーターを移動する。

One Point

消えてい行く時間

　文字が消えていくときの時間は、動画の演出によって最適な値が変わります。ただしあまり長いと「じれったい」感じになってしまうので、多くの動画では1〜2秒程度が適しているでしょう。

4 キーフレームを追加する。

5 「スケール」の値を「0」に設定する。

◇ One Point

縦横同時に設定する

「スケール」の値は、初期設定で縦方向と横方向がリンクして、片方の値を変えるともう片方の値も同じように変わります。独自に変更したいときには、リンクのアイコンをクリックして解除します。

6 インジケーターを移動して動きを確認する。

◇ One Point

複数の変化を重ねる

「トランスフォーム」の「スケール」を使って大きさを変えると同時に、「不透明度」も変化させると、「小さくなりながら、同時に薄くなりながら」という、存在感をより無くしながら消すような変化を付けることができます。

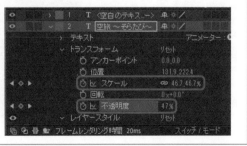

Chapter » 3

Section » 06

動画を再生して確認する

動画の編集途中でも再生して確認できる

動画の編集中は、思い通りの動きになっているか、不自然なところはないか、ときどき再生して確認しましょう。完全な状態で再生はできませんが、おおまかな状態の確認ができます。

プレビューパネルで設定して再生する

1　プレビューパネルをクリックして、下端にマウスカーソルを合わせる。

2　ドラッグしてプレビューパネルを拡大する。

One Point

動画は編集を仮に反映した状態

　プレビューパネルで再生する動画は、編集を仮に反映した状態です。実際には、特に編集内容が複雑になると一部の編集が完全には反映されず、映像が飛び飛びになるような場合もありますので、「あくまでもだいたいの印象を確認する」と考えます。

3 「範囲」を「ワークエリア」に設定し、「再生開始の時間」を「範囲の先頭」に設定する。

◇ One Point

周辺だけ再生する

編集を行った場所の前後だけを確認するときは、「現在時間の前後を再生」を選択して、前後の秒数を指定します。長い動画で一部だけ確認したいときに利用します。

4 ［スペース］キーを押すと再生される。

◇ One Point

再生は繰り返し

再生が動画の終端になると、自動的に先頭に戻って繰り返し再生されます。

5 もう一度［スペース］キーを押すと再生が停止する。

Chapter » 3

Section » 07

文字が流れるタイトルを作る

文字が画面内をスライドする

文字が少しずつ現れるのは透明度で調整できますが、ここでは文字そのものが画面内で動きながら現れるような表現を作ってみます。キーフレームを使って文字の位置を設定します。

Before	After

文字を移動する

 レイヤーの「>」をクリックして展開する。

2 インジケーターを動画の先頭に移動し、文字を画面の外に移動する。

📝 **One Point**

文字が流れる仕組み

文字が流れるように動かすには、「トランスフォーム」の「位置」を利用します。「位置」は映像や文字、図形などを配置する場所で、座標で設定します。位置は動画の枠外にも設定できるので、最初に枠外の位置を指定して、そのまま反対側の枠外まで移動するような設定を行います。

3 画面から完全に見えない位置に移動する。

4 ストップウォッチをクリックして、キーフレームを追加する。

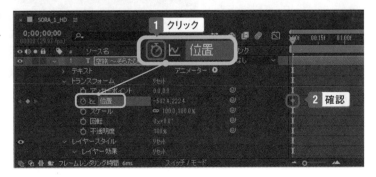

5 インジケーターを動画の終
端に移動する。

6 キーフレームを追加する。

7 動画をドラッグして反対側の
画面の外に移動する。その
後再生して動きを確認する。

One Point

水平に移動する

　水平に移動するときは、[Shift]
キーを押しながらドラッグしま
す。同様に垂直方向に移動するこ
ともできます。

One Point

軌跡が表示される

　文字を移動すると、移動の軌跡が表示されます。軌跡に表示される点は時間経過を示し、等間隔であれば等速で、間
隔が長い場所は速く移動します。

Chapter » 3

Section » 08

さまざまなレイヤーの動きを確認する

レイヤーの動きをいろいろ試してみよう

After Effectsのレイヤーには、さまざまな動きや変化を追加する効果が登録されています。すべて覚える必要はなく、いろいろと試してみて好みのものや役立ちそうなものを活用できるようにしましょう。

レイヤーの「トランスフォーム」を確認する

「トランスフォーム」で動きを設定する

トランスフォームを組み合わせることでユニークな動きを再現できる。

アンカーポイント	回転するときの中心を設定する
位置	動画や文字の位置を設定する
スケール	動画や文字の拡大・縮小倍率を設定する
回転	動画や文字を回転する（「1+90.0°」であれば「1回転と90°」を示す）
不透明度	動画や文字の不透明度を設定する（「100」で完全に見えて「0」で透明になる）

One Point

アンカーポイントを利用する

　図形や映像、文字などを動かすときに、「アンカーポイント」を上手に活用すると、より自由度の高い動きを再現できます。「アンカーポイント」は、選択している図形や映像、文字などの「中心」を示す位置で、たとえば回転するときはアンカーポイントを中心に回転します。また、大きさを変更するときにも、アンカーポイントを中心に拡大・縮小が行われます。さらに、Section7 03で作るような、軌跡に合わせて移動する場合も、アンカーポイントが軌跡をたどります。

　アンカーポイントはキーフレームを打ちながら動かすこともできるので、アンカーポイントの移動と回転角度、拡大・縮小率を合わせて使うと、かなり複雑な動きも設定できるようになります。

アンカーポイントを文字の左上に設定すると、アンカーポイントを中心に振り回すように回転する。

アンカーポイントを文字の左上に設定して、拡大・縮小すると、アンカーポイントの位置から現れる・消えるように見える。

Chapter **4**

写真を集めて
スライドショーを作ろう

After Effectsで作る動画の中で、After Effectsの特徴を活かせる
1つがスライドショーです。写真を集めて、順番に再生する動画
はさまざまなシーンの演出やイメージアップにも利用できます。
スライドショーはスマートフォンで撮影した写真などを使えば、
手軽に作ることができます。

Chapter » 4

Section » 01

単色の画面を追加する

動画の最初に単色だけの画面を表示する

スライドショーを作る前に、タイトルに使う単色の画面を挿入します。単色の画面は写真編集ソフトなどで作り読み込むこともできますが、ここではAfter Effectsの機能を使って作成します。

Before	After

「平面レイヤー」を追加する

1 After Effects を起動して、「新規コンポジション」をクリック。

◉ One Point

タイトル画面を作成する

単色の画像を画面いっぱいに作成しておき、あとでスライドショーのタイトルとして使います。ここでは単色の画面を使いますが、写真などを読み込んでタイトルに使うこともあります。

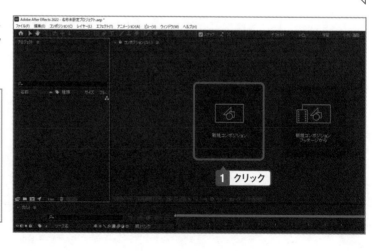

2 「コンポジション設定」でコンポジションの名前を入力する。続いて「デュレーション」で全体の時間を設定し、「OK」をクリック。

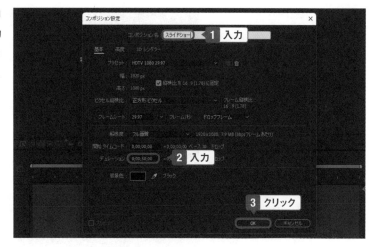

One Point

デュレーションは長めに

　デュレーションは、After Effects で作成する映像の長さです。タイムラインパネルにはここで設定した長さが表示されますので、おおまかな長さを想定して設定します。短いと映像がはみ出して修正に手間がかかるので、少し長めにしておきましょう。

---

3 「レイヤー」の「新規」から「平面」を選択。

4 レイヤーの名前を入力して色を選択し、「OK」をクリック。

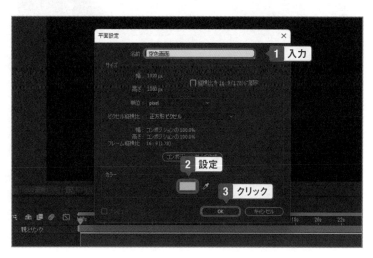

Chapter 4　写真を集めてスライドショーを作ろう

91

5 単色の画面のレイヤーが追加される。

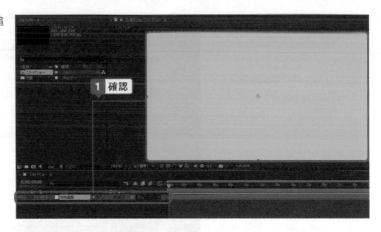

6 タイムラインで末尾をドラッグして、再生時間を調整する。

🔵 **One Point**

画像を作って追加する

After Effectsでは、「平面レイヤー」として単色の画面を簡単に追加できます。もし模様の付いた画面やグラデーション塗りの画面を追加したい場合は、Photoshopなどの画像編集アプリを使って画面サイズと同じ大きさの画像ファイルを作って読み込み、レイヤーに配置します。画像のサイズは通常のフルHD動画であれば、1920×1080ピクセルになるように設定します。

Photoshopであらかじめ映像のサイズと同じサイズの画像を作成して使うこともできる。

Chapter » 4

Section » 02

写真素材を並べる

スライドショーで流す写真をレイヤーに読み込む

スライドショーで使う写真素材をタイムラインに読み込みます。このとき、写真と写真の
切り替わりにオーバーラップを設定して自然に変化して映るようにします。

Before

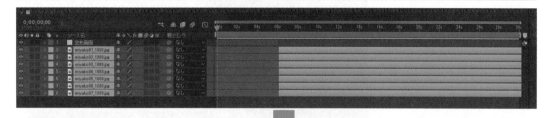

↓

After

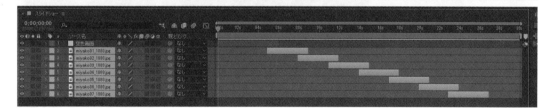

写真を読み込む

1 使用する写真ファイルを選択し、プロジェクトパネルにドラッグ。

2 写真が読み込まれる。

1 確認

写真を再生する順序で配置する

1 スライドショーにする写真を選択して、タイムラインにドラッグ。

再生順に選択する

　タイムラインにはプロジェクトパネルで選択した順番に配置されます。[Ctrl] キーを押しながらクリックして、配置する順番に選択します。また、あらかじめファイル名を再生順になるようにしておくと、プロジェクトパネルに名前順（つまり再生順）に表示されるので、簡単に選択できます。

1 選択

2 ドラッグ

2 タイムラインに配置される。続いてタイムラインで右クリックし、「時間」の「時間伸縮」を選択。

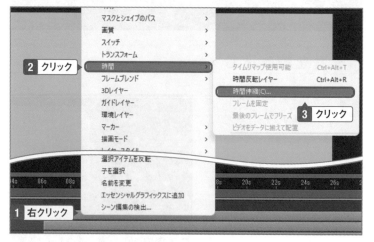

2 クリック

3 クリック

1 右クリック

3 「新規デュレーション」を1枚の写真が再生される時間に設定し、「OK」をクリック。

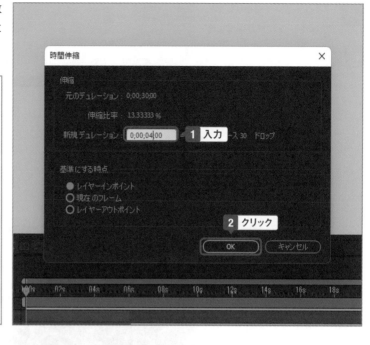

One Point

時間伸縮

時間伸縮は、映像の再生時間を調整する設定です。たとえばタイムラインの映像を半分の時間に短縮すれば、2倍の速度で再生されます。本来であれば、再生速度はそのままで再生時間を調整するときには、タイムラインの前後をトリミングします。しかしここでは対象が画像なので、再生速度が変わっても映り方は変わらないため、時間伸縮を使って簡単に再生時間を設定しています。

---

4 写真の再生時間が短縮される。

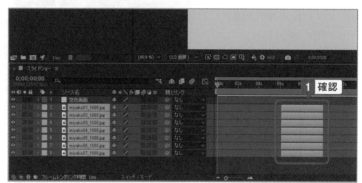

5 タイムラインでドラッグして、写真の再生開始位置に移動する。

6 タイムラインで右クリックして、「キーフレーム補助」の「シーケンスレイヤー」を選択。

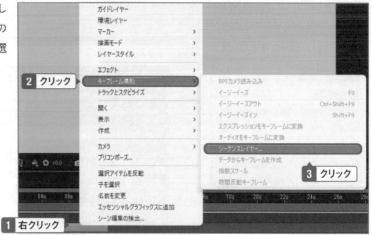

7 「オーバーラップ」にチェックをし、「デュレーション」に前後の動画（写真）が重なって表示される時間を設定する。その後「トランジション」の方法を選択して「OK」をクリック。

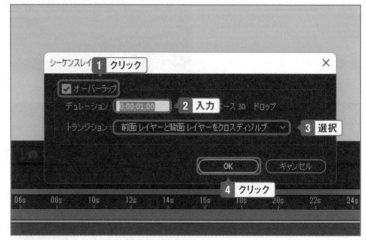

8 写真が整列する。

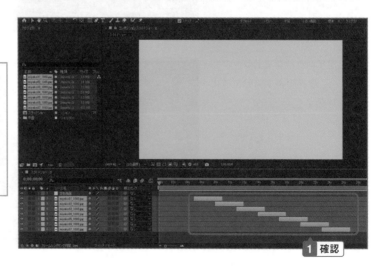

One Point

タイムラインの重なり部分

「オーバーラップ」をオンにすると、タイムラインで画像同士が少し重なるように配置されます。この重なり部分に、設定した「トランジション効果」が設定されます。

Chapter » 4

Section » 03

画面の切り替え効果を加える

After Effectsでは少し面倒

画面が切り替わる効果の設定をAfter Effectsで設定します。冒頭はだんだん現れ、スライ
ドショー中は幾何学的な模様で切り替わります。ただし、連続した長い映像の編集でいく
つも画面切り替え効果を付けるような場合は、Premiere Proの方が簡単です。

Before	After
	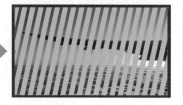 

冒頭にディゾルブを付ける

1 インジケーターを冒頭に移
動し、レイヤーの「>」をク
リックしてエフェクトを展開
する。

2 「不透明度」のストップ
ウォッチをクリック。

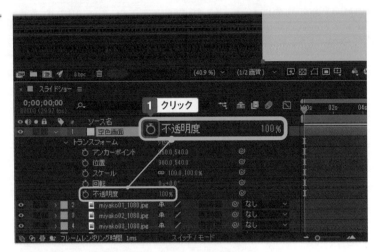

3 「不透明度」のキーフレーム
を打つ。

One Point

動画の自然な始まり方

　動画作成においては、ほぼす
べて最初にディゾルブ効果が付
けられているといってもよいで
しょう。映像がいきなり「パッ」
と現れるのではなく、真っ黒の
状態から少しずつ現れる「ディ
ゾルブ」により、動画が始まるこ
とへの印象が強くなるとともに、
自然に始まるという効果もあり
ます。

4 「不透明度」の数値を「0%」
に変更する。

5 インジケーターを映像が完全に現れる位置に移動する。

6 「不透明度」のキーフレームを打つ。

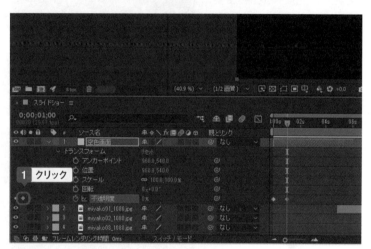

7 「不透明度」の値を「100%」に変更する。

ディゾルブ効果の時間

ディゾルブ（またはフェードイン・フェードアウト）は、おおむね1〜2秒程度が最適ですが、動画の内容によって最適な時間は変わります。再生してみて自然な感じになるように調整しましょう。ディゾルブの時間を調整するときには、タイムラインのキーフレームをドラッグして移動します。

タイトル画面の末尾に切り替え効果を作成する

1 タイムラインで映像が切り替わる開始点にインジケーターを移動する。続いてワークスペースの切り替えボタンをクリック。

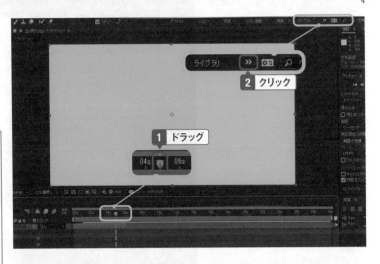

One Point

上のレイヤーに効果を付ける

ここでは、上のレイヤー（タイトル画面）にエフェクトを追加して、斜めのブロックが動きながら表示される画面切り替え効果を作成します。下のレイヤー（1枚目の写真）が再生される最初の部分から切り替え効果を開始します。

2 「エフェクト」をクリック。

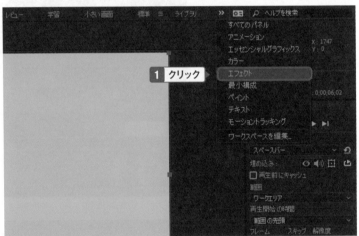

3 エフェクトパネルで「トランジション」の「ブラインド」をクリック。

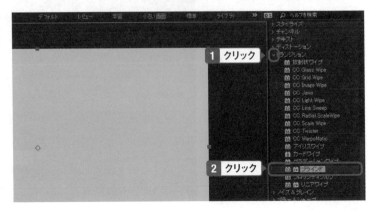

4 エフェクトをタイトル画面の
レイヤーにドラッグ。

┌─ One Point ─┐
エフェクトを追加する

エフェクトを追加するときは、
追加したい動画や写真、図形な
どのタイムラインにドラッグし
ます。複数のエフェクトを1つ
のタイムラインに追加すること
もできます。

5 エフェクトが追加されるの
で、「エフェクト」の「>」を
クリックして展開する。

6 「ブラインド」の「変換終了」
「方向」「幅」で、それぞれ
ストップウォッチをクリック
してオンにする。続いて「変
換終了」「方向」「幅」にそ
れぞれキーフレームを打つ。

7 「方向」を「＋45.0°」に設定する。続いて「幅」を「100」に設定する。

One Point

角度の設定

角度は、「0x+90.0°」のように表示されます。これは「0回転と90°」という意味です。

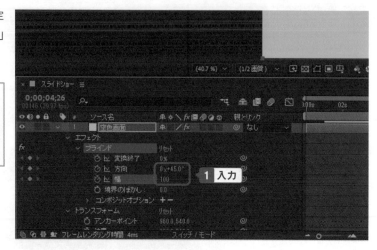

8 インジケーターをタイトル画面の末尾に移動する。

9 「変換終了」「方向」「幅」にそれぞれキーフレームを打つ。

10 「方向」を「−45.0°」に設定する。続いて「幅」を「100」に設定する。

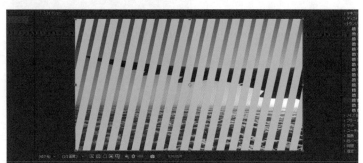

Chapter 4 写真を集めてスライドショーを作ろう

One Point

エフェクトの数値の調整

エフェクトによってさまざまな数値を設定し、変化を付けます。ここで設定している方向や幅の数値はあくまでも一例で、数値を少し変えるだけでも大きくイメージが変わります。好みのイメージを探してみましょう。

---

11 映像で画面切り替えの変化を確認する。

末尾にディゾルブを付ける

1 映像が完全に消える位置にインジケーターを移動する。

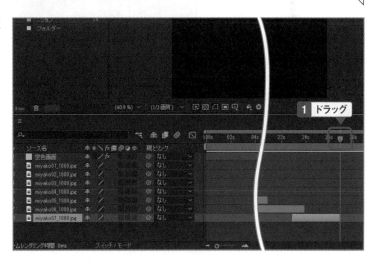

2 レイヤーを展開し、「不透明度」のストップウォッチをクリック。続いてキーフレームを打ち、「不透明度」を「0%」に設定する。

3 映像が消え始める位置にインジケーターを移動する。続いてキーフレームを打ち、「不透明度」を「100%」に設定する。

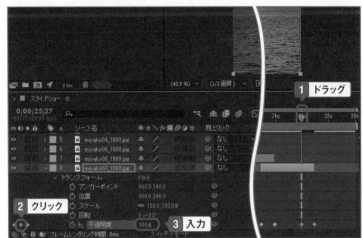

📝 **One Point**

キーフレームを打つ順序

　キーフレームを打ちながら動画の変化を付けていくときには、通常は再生する時間方向にしたがって順番に設定していく方がわかりやすく作成できます。しかし状況によっては時間方向に戻るように設定した方がわかりやすい場合もあります。どちらの方法でも正解で、同じ結果を得られますが、慣れてくるとキーフレームを打つ順序のコツをつかめるようになり、自分にとってわかりやすい順序で設定できるようになります。

Chapter » 4

Section » 04

BGMを追加する

動画に音声データを追加する

動画にBGMを追加すると、見ているときに感じる雰囲気が変わり、より楽しめる動画にもなります。BGMに使う音声データは自作しても、フリー素材などを使ってもよいでしょう。

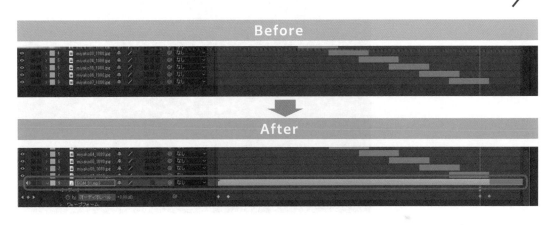

Before

After

BGM を配置する

1 BGMに使うファイルを表示し、プロジェクトパネルにドラッグ。

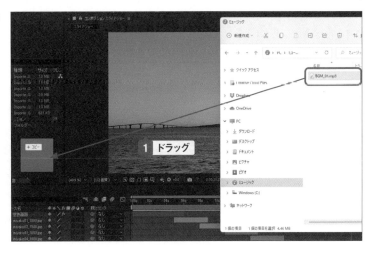

2 プロジェクトパネルに読み込まれる。

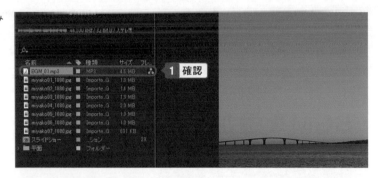

3 タイムラインパネルにドラッグ。

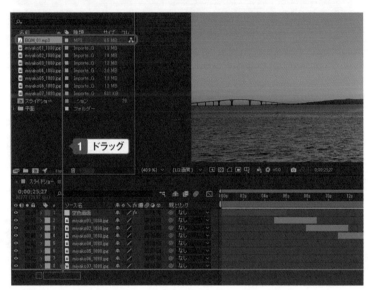

One Point

BGMのレイヤー位置

BGMは映像がなく音声だけのファイルなので、いちばん下のレイヤーに配置すると見やすく、編集しやすくなります。また、ドラッグするときに、タイムラインに直接ドラッグせずに、レイヤーの一覧にドラッグすると、映像の冒頭から再生するように配置されます。

---

4 BGMがタイムラインに配置される。

時間をトリミングする

1 BGMが終了する位置にインジケーターを移動して、「Alt」+「]」キーを押す（Macの場合は「Option」+「]」）。

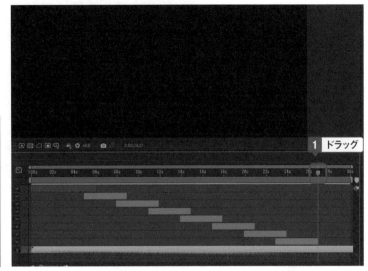

🖉 One Point

ショートカットキーを使う

After Effects の操作では、さまざまなショートカットキーが使えます。ショートカットキーでしか操作できない機能もありますので、主要なショートカットキーは覚えておくと、より効率よく編集できるようになります。

🖉 One Point

はみ出した部分をトリミングで削除する

BGMは、元の音楽の長さによっては、コンポジションで設定した時間をはみ出すことがあります。この場合、タイムラインの末尾をドラッグして短縮することができないので、インジケーターで位置を指定して、以降をカットする手順でトリミングします。

2 インジケーター以降の部分がトリミングされる。

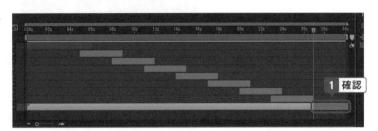

フェードイン・フェードアウトを設定する

1 インジケーターをBGMの先頭に移動し、BGMのレイヤーでエフェクトを展開する。

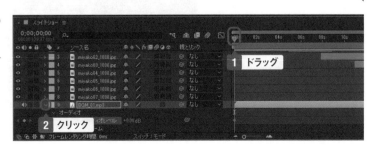

2 「オーディオレベル」のス
トップウォッチをクリック
し、「オーディオレベル」の
キーフレームを打つ。続いて
「オーディオレベル」の数値
を「-192」に変更する。

🔍 **One Point**

dB値

　「オーディオレベル」の「dB」は、音の大きさを表す値（デシベル）です。「0」が元データのままの大きさで、マイナスの値が大きくなれば音は小さくなり、プラスの値が大きくなれば音が元のデータより大きくなります。After Effects では、最小値-192dB、最大値192dBの間で設定できます。-192dBからスタートすると、0dBになるまでに短時間で急速に変化し、後半で聞こえるようになってきます。実質的には-50dB程度でも音は聞こえませんので、再生して聞こえ方を確認しながら、ちょうどよくだんだん聞こえてくるような数値に設定してもよいでしょう。

---

3 音が完全に聞こえるように
なる位置にインジケーター
を移動する。

---

4 「オーディオレベル」のキー
フレームを打ち、「オーディ
オレベル」の値を「0」に変
更する。

5 BGMが完全に聞こえなくなる位置にインジケーターを移動し、「オーディオレベル」のキーフレームを打つ。続いて「オーディオレベル」の数値を「-192」に変更する。

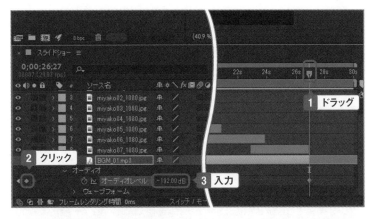

6 BGMの音量が小さくなり始める位置にインジケーターを移動する。

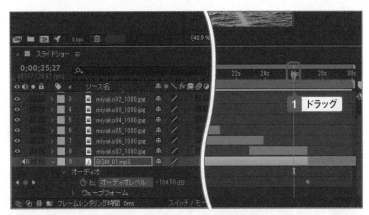

7 「オーディオレベル」のキーフレームを打ち、「オーディオレベル」の数値を「-192」に変更する。

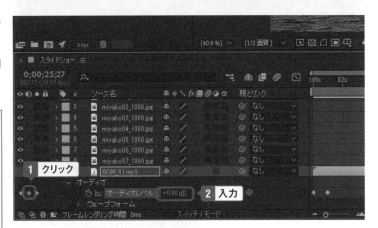

○ **One Point**

音のフェードイン・フェードアウト

BGMのフェードイン・フェードアウトは、映像のフェードイン・フェードアウトに時間を合わせると自然に感じられるようになります。映像で1秒のフェードアウトを設定したのであれば、BGMも1秒でフェードアウトするように設定します。

Chapter » 4

Section » 05

効果音を追加する

動画のポイントになる箇所で使うと効果的

効果音は、実際の動画のシーンを誇張したり、より強い印象を与えるときに効果的です。
効果音もBGMと同じ音声データを使いますが、一般的には1秒前後の短い時間に鳴る音
声です。

Before

After

効果音を配置する

1 効果音に使うファイルを表
示し、プロジェクトパネルに
ドラッグ。

2 プロジェクトパネルに読み込まれる。

One Point

効果音を入手する

効果音はSE（Sound Effect）とも呼ばれ、動画を印象づけるためにとても重要な役割を持ちます。しかし自分で録音するのは手間もかかります。そこでWebサイトでフリー素材として配布されているものをダウンロードして使うと、さまざまな種類の効果音を手軽に使うことができます。

1 確認

---

3 タイムラインパネルにドラッグ。

One Point

効果音のタイミング

効果音は、映像と合ったタイミングにすることがとても重要です。ずれてしまうと、まとまりのない映像になってしまいますので、再生して確認しながら、少しずつ位置を合わせて自然な感じで聞こえるように調整します。

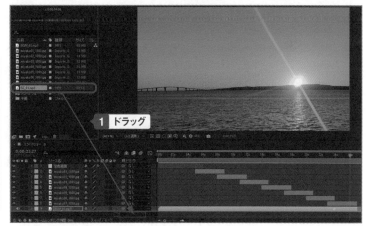

1 ドラッグ

---

4 効果音がタイムラインに配置される。

1 確認

Chapter » 4

Section » 06

タイトルを追加する

セクション4-01の単色画面にタイトルを追加する

スライドショーの冒頭にはタイトルがあるとイメージが膨らみます。そこで、セクション
4-01で冒頭に挿入した単色画面を使い、文字や画像を追加したタイトルを作成しましょう。

Before	After

文字を配置する

1 単色の平面レイヤーをクリックして、「レイヤー」メニューの「新規」で「テキスト」を選択。

One Point

レイヤーを追加する位置

　レイヤーを追加すると、選択しているレイヤーの1つ上に作成されます。ここではテキストレイヤーをいちばん上に作成するので、いちばん上にある単色の平面レイヤーを選択してから、テキストレイヤーを追加します。

2 テキストレイヤーが挿入される。

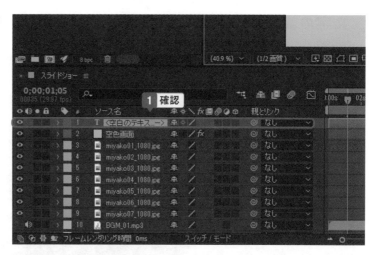

3 ワークスペースの「テキスト」を選択。

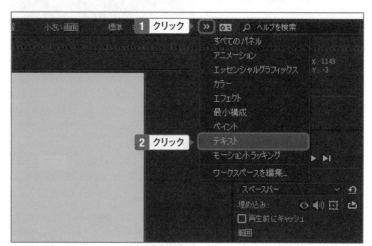

4 「横書き文字ツール」をクリックする。続いて文字を入力し、位置や大きさを移動する。その後「文字」パネルで書式を設定する。

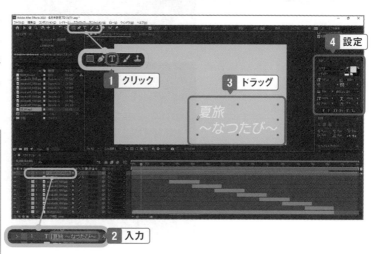

One Point

プレビューに直接書き込む

テキストレイヤーを作成していない状態で「横書き文字ツール」をクリックして、プレビュー画面をクリックすると、自動的にテキストレイヤーが作成されます。

113

文字の表示を設定する

1 文字の表示が終了する位置にインジケーターを移動する。その後「Alt」＋「]」キーを押してインジケーター以降をトリミングする。

> **One Point**
>
> **ドラッグしてトリミングする**
>
> テキストレイヤーは、タイムラインの画面右端まで作成されています。タイムラインの右端をドラッグして時間を調整することもできます。

2 文字の再生時間が調整される。

3 動画の冒頭にインジケーターを移動する。続いて「不透明度」のストップウォッチをクリックし、「不透明度」のキーフレームを打つ。その後「不透明度」の値を「0%」に変更する。

4 文字が完全に表示される位置にインジケーターを移動する。続いて「不透明度」のキーフレームを打ち、「不透明度」の値を「100%」に変更する。

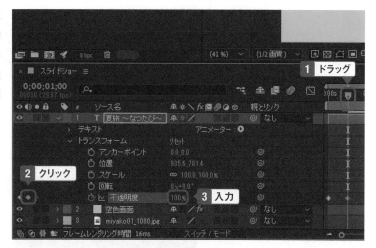

5 文字が表示されなくなる位置にインジケーターを移動する。

6 「不透明度」のキーフレームを打ち、「不透明度」の値を「0%」に変更する。

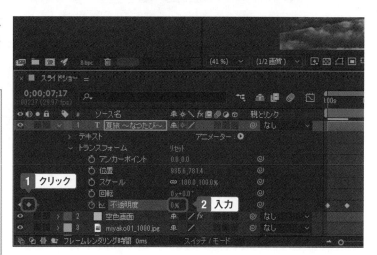

One Point

不透明度の変化は多用する

動画を作るときには、「だんだん表示される」「だんだん消える」という変化はとても多くの場面で利用されます。不透明度を「0→100→100→0」にするという操作も多用しますので、サクサクと設定できるように身に付けておきましょう。

7 文字が消え始める位置にインジケーターを移動する。続いて「不透明度」のキーフレームを打ち、「不透明度」の値を「100%」に変更する。

8 再生して確認する。

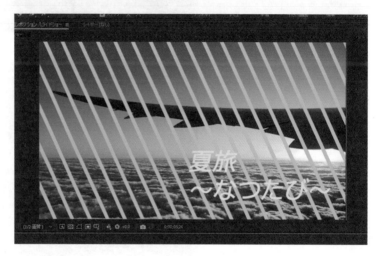

9 プロジェクトを保存する。

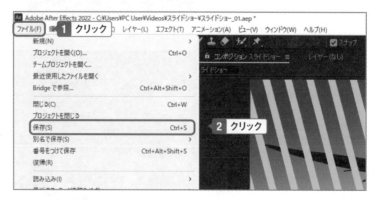

⌖ One Point

文字と単色画面の消えるタイミング

　この作例では、単色の平面レイヤーが縞模様で消えていきます。一方で文字は動かず薄くなって消えていきます。異なる変化を使っているので、同時に消えると煩雑な変化の印象になります。

　そこで単色の平面レイヤーが消えてからもしばらく文字を表示さたままにして、次に文字が消えていくように設定することで、文字が最初のスライド（写真）に残り、連続しているイメージを出す演出をしています。

Chapter 5

マスクを使ってワイプを作ろう

「ワイプ」とは、画面の中に切り抜いた別の画面を表示することです。画面全体に表示されている動画に、情報を補足することに役立ちます。ワイプを作るときには、「マスク」という機能を使い、動画や画像の一部分を隠すことで切り抜いた状態を再現します。

Chapter 》 5

Section 》 01

動画を重ねる

タイムライン上で同時に再生する

ワイプは、タイムライン上で背後にある動画の中に切り取った状態で別の動画が再生される状態です。したがって、2つの動画をタイムライン上で重ねて同時に再生するようにします。

Before	After

動画と写真のレイヤーを重ねる

1 プロジェクトパネルに動画と写真を読み込み、動画をタイムラインパネルにドラッグ。

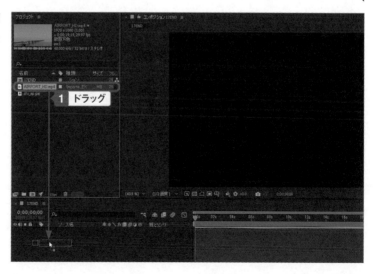

2 動画が登録される。続いて
プロジェクトパネルの写真
をクリック。

3 プロジェクトパネルの写真
を、タイムラインの動画の上
側の境界にドラッグ。

One Point

ワイプになる方が上

ワイプを作るときには、ワイ
プで表示する写真や動画を、上
位のレイヤーに配置します。

4 動画の上に写真が表示され
る。

One Point

写真は動画でも同じ

ここではワイプに静止画を
使っていますが、動画を使うこ
ともできます。

再生時間をそろえる

1 動画の末尾にインジケーターを移動する。

> **One Point**
>
> **ワイプの表示時間**
>
> ここでは映像全体にワイプを表示しているので、タイムライン上で動画と時間をそろえていますが、ワイプは一部分だけ表示するときもあります。必要に応じてワイプを表示する時間の範囲を設定します。

2 写真のレイヤーをクリックして選択し、「Alt」+「」」キーを押す。

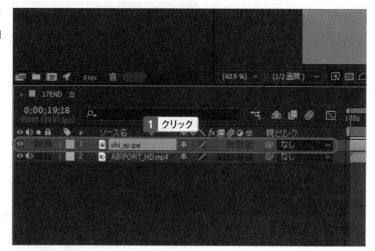

3 インジケーターの後ろの部分がカットされる。

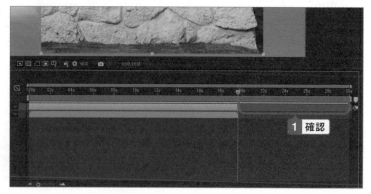

Chapter ≫ 5

Section ≫ **02**

動画の大きさを変える

ワイプのサイズに合わせる

ワイプで表示する動画のサイズを調整します。一般的には縮小して一部分だけを使うので、下の映像との重なり具合を見ながら、エフェクトコントロールパネルで適当な大きさに調整します。

Before	After

ワイプを小さくする

1 インジケーターを先頭に移動する。

⌒One Point

ワイプには動画も使う

ワイプに使う素材は画像（写真）だけではなく、動画も使います。テレビ番組などでワイプの中でコメントしているような映像を見たことがあるかと思います。ワイプはメインの映像を補足する情報になるので、ワイプの動画で情報を伝えることもできます。

2 四隅のハンドルをドラッグしてワイプを小さくする。

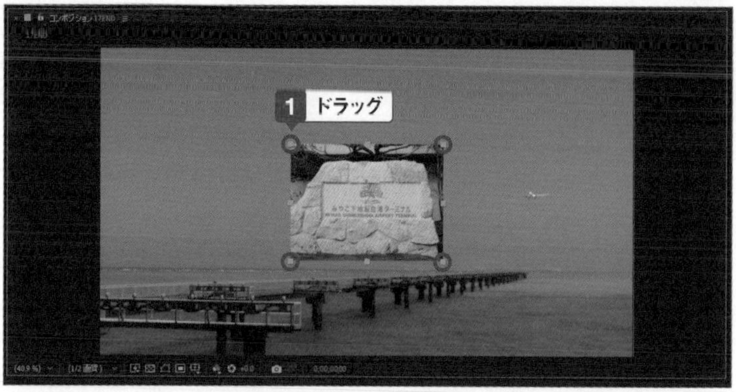

3 レイヤーの設定を展開して、「スケール」で大きさを微調整する。

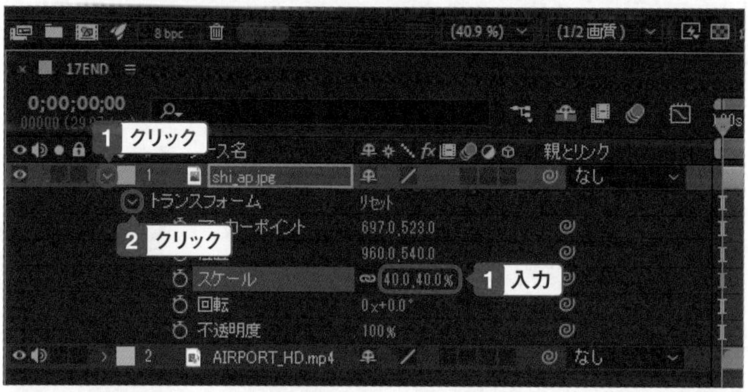

4 ドラッグしてワイプの位置に移動する。

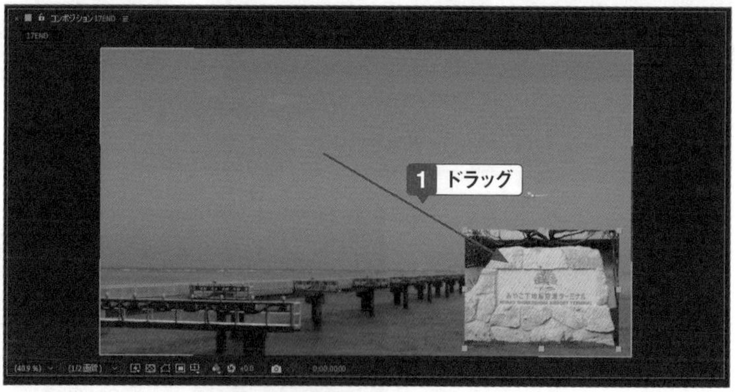

> **One Point**
>
> **おおまかな位置に移動する**
>
> ワイプにする映像や写真の位置は、おおまかな位置に配置します。あとで形状を変えたときに、あらためて調整します。

> **One Point**
>
> **ワイプを移動する**
>
> ワイプを移動するときは、「選択ツール」をクリックしてワイプの枠内をドラッグします。周囲のハンドルをドラッグするとワイプの大きさが変わってしまいます。またワイプの下に表示されているメインの動画をドラッグすると、メインの動画全体が移動してしまいます。

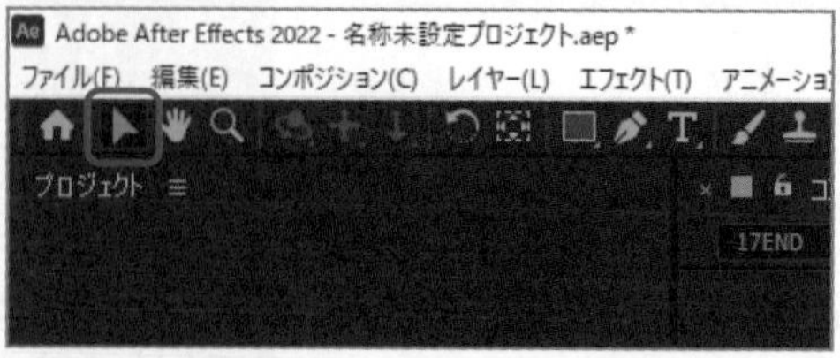

Chapter » 5

Section » 03

ワイプの形状を変える

マスクを使って形状を円形や正方形などに変えられる

ワイプは縮小しただけだと元の映像や写真と同じ長方形になります。動画のイメージによってはマスクを使って円形や正方形など形状を変更すると見た目の変化を出すことができます。

Before

After

写真を楕円で切り抜く

1 「長方形ツール」をクリックし、「楕円形ツール」をクリック。

One Point

最後に選択されたツールが表示される

ツールバーには初期状態では「長方形ツール」が表示されていますが、通常ここには最後に選択したツールが表示されます。「楕円形ツール」を使ったあとは、「楕円形ツール」が表示されます。

2 写真の周囲をドラッグして
楕円を描くと、写真が切り
抜かれる。

One Point
マスクの枠線表示

マスクには枠線が表示されて
いますが、この枠線は実際の動
画では表示されません。

3 位置を移動する。

4 プレビューパネルの「マスク
とシェイプのパス表示」をク
リック。

5 周囲の枠が非表示になる。

One Point
マスクの枠線表示を消す

マスクに表示されている枠線
は、ハンドルをドラッグしてマ
スクの形状を変形することがで
きます。しかしマスクを移動す
るときなどに誤ってドラッグし
てしまうことを防ぐために、必
要なければ表示を消した方がよ
いでしょう。

Chapter » 5

Section » **04**

ワイプに縁取りを追加する

境界線の表示にも使える

映像が重なったワイプには、境界線がありません。そこでワイプに視線が向くように、周囲をぼかして浮き出すように表現したり、背景に画像を追加してワイプに「縁取り」を作ります。

Before

After

ワイプの周囲をぼかす

1 「マスク」を展開し、「マスクの境界のぼかし」の数値を大きくする

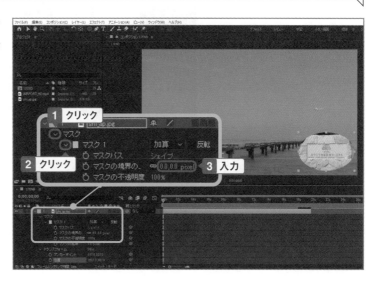

2 マスクの周囲にぼかしの効果が追加される。

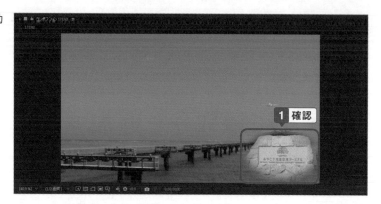

ワイプの周囲を線で囲む縁取りを設定する

1 写真のレイヤーをクリック。

2 「レイヤー」の「レイヤースタイル」から「境界線」を選択する。

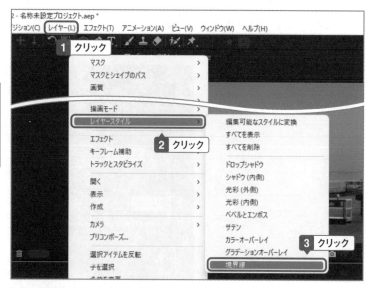

One Point

ぼかしは戻す

縁取りを設定する場合、「マスクの境界のぼかし」は「0」にしています。

3 ワイプの周囲に縁取りの線
が表示される。

4 「レイヤースタイル」を展開
し、「カラー」の色をクリッ
ク。

5 色を選択し、「OK」をクリッ
ク。

One Point

白と黒を選択する

　色を選択するときには、中央
のグラデーションでおおまかな
色を選択しますが、白と黒を選
択する場合にはどの色でも構い
ません。色彩の領域で白は左上、
黒は下端をクリックします。ま
た、RGBの数値で指定すること
もできます（白＝R:255、G:255、
B:255、黒＝R:0、G:0、B:0）。

127

6 縁取りの色が変わる。

1 確認

7 「サイズ」を調整する。

2 確認

1 入力

One Point

境界線の描画モード

　レイヤースタイルの「境界線」にある「描画モード」で、マスクの縁取りのイメージを変えることができます。「通常」では単純な縁取りになりますが、たとえば「オーバーレイ」では縁取りの色と下の動画を混ぜたような色が設定されたり、「差」では縁取りの色と背後の色との差（色を値で表現した状態の差の値）で設定されたりします。使用する動画や縁取りや色によっては効果が出ないものもありますが、いろいろと試してみましょう。

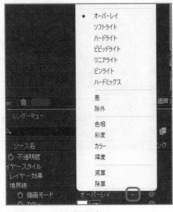

描画モードを変更する

オーバーレイ

差

Chapter **6**

図形を描いて移動させよう

After Effectsでは、あらかじめ用意した動画や画像を使った編集だけでなく、画面上に図形を描いてさまざまな動きを出すことができます。簡単なアニメーションを作るようなイメージで、作成したアニメーションを他の動画と組み合わせて使い、より幅の広い表現ができるようになります。

Chapter » 6

Section » 01

図形を描く

プレビュー画面上をドラッグして図形を描く

After Effectsの編集機能を使って、画面に図形を描画します。アイコンやマークのワンポイントで使ったり、一部分を囲んだりするときにも図形の描画が役立ちます。

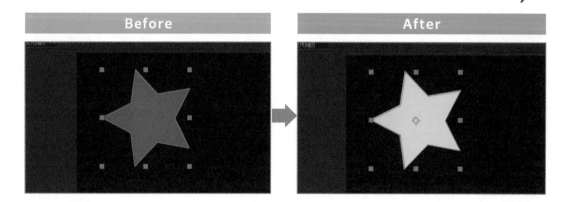

| Before | After |

星形を描く

1 ツールバーの「選択ツール」をクリック。

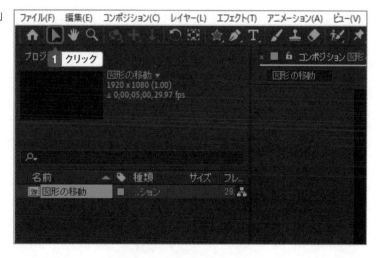

2 「レイヤー」から「新規」の
「シェイプレイヤー」を選択。

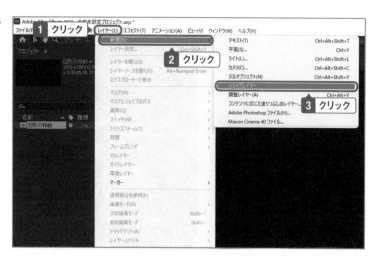

3 「星形ツール」を選択。

新規レイヤーに描く

　図形は新規のレイヤーを作成
して描きます。図形は「シェイ
プ」と呼ばれる線で構成されるた
め、「シェイプレイヤー」を作成
します。

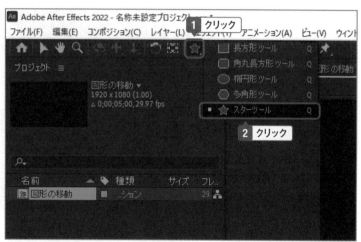

4 プレビューパネルに星形を
描く。

「シェイプ」の特徴

　「シェイプ」は、拡大・縮小・
変形ができる図形です。ペンで
落書きするような「絵」とは異な
り、頂点や領域などの特徴点を
動かすことで自由に変形ができ
ます。

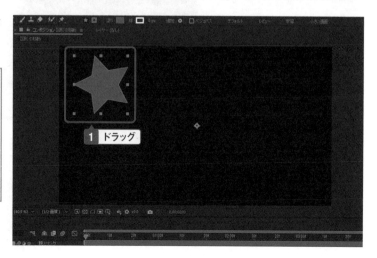

Chapter **6** 図形を描いて移動させよう

131

5 「塗り」をクリックして色を選択し、「OK」をクリック。

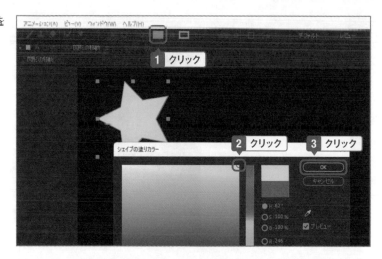

6 星型のシェイプが配置される。

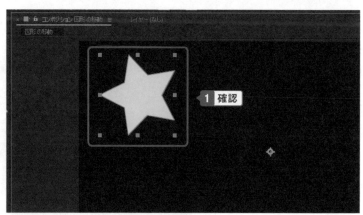

7 線の色と太さを設定する。

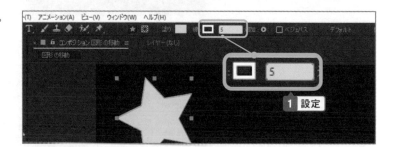

One Point

塗りと線の調整

塗りつぶしの色を「透明」にしたい場合は、「塗り」をクリックして、「塗りオプション」で「なし」に設定します。枠線を表示したくない場合は、「線」を「0pt」に設定します。

8 周囲に線が表示される。

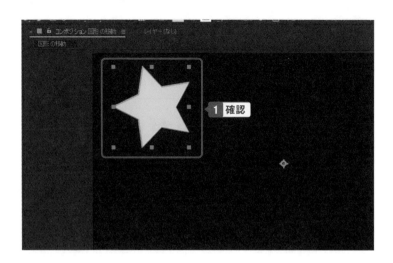

1 確認

アンカーポイントを移動する

1 「レイヤー」メニューから「トランスフォーム」の「アンカーポイントをレイヤーコンテンツの中央に配置」を選択。

One Point

アンカーポイント

「アンカーポイント」とは、図形などの中心を示す点です。図形が回転するときの中心や、移動するときの軌跡は、アンカーポイントの位置が基準になります。

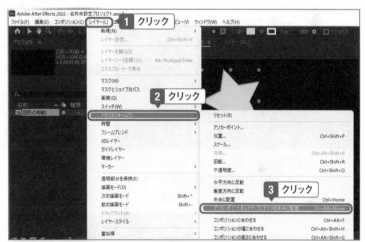

2 「アンカーポイント」が星形の中心に移動する。

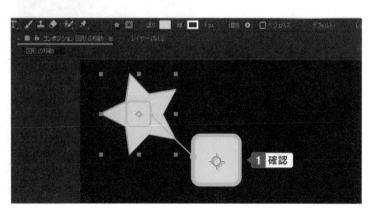

1 確認

Chapter » 6

Section » **02**

図形を回転しながら移動させる

描画した図形に動きを加える

After Effectsでは、動画上の要素に動きを加えることができます。描画した図形に、もっとも基本的な動きの「回転」と「移動」を加えてみましょう。

Before	After

図形の位置と回転を設定する

1 シェイプレイヤーの「コンテンツ」を展開し、「多角形1」の「>」をクリック。

2 インジケーターを先頭に移動する。

3 「位置」と「回転」のストップ
ウォッチをクリック。

One Point

複数の動きを設定する

「回転しながら移動」するには、
「トランスフォーム」の「回転」と
「位置」を同時に設定します。

4 インジケーターを末尾に移
動する。

One Point

キーフレームが設定される

ストップウォッチをクリック
すると、キーフレームが打たれ
ます。

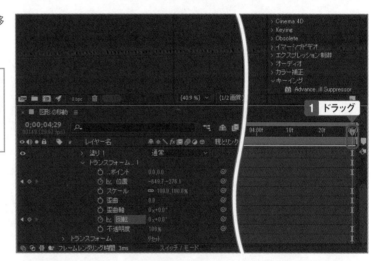

5 「位置」と「回転」にキーフ
レームを打つ。

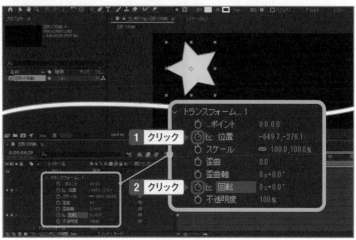

6 星形の図形を移動する。

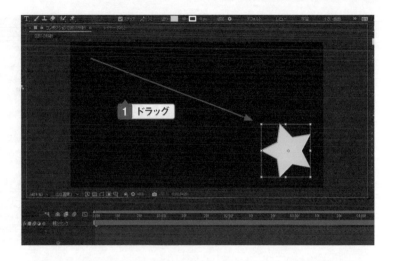

7 「回転」の値を設定する。

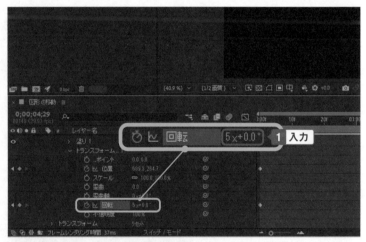

8 再生して、星形の図形が回転しながら移動することを確認する。

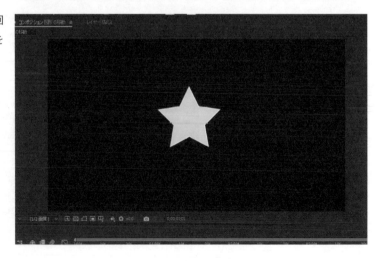

Chapter » 6

Section » 03

図形の回転速度を変化させる

図形が動くときに自然な速度変化を付ける

図形が動くとき、同じ速度で動いていると不自然に見えることがあります。そこで動きの速度を変化させることで、図形の動きをより自然に見えるように調整します。

Before

After

イージーイーズを設定する

1 映像の末尾に設定した「回転」のキーフレームをクリック。

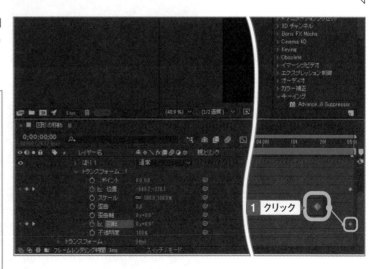

1 クリック

One Point

人の目に自然に見える動き

　ここでは「イージーイーズ」という設定を使い、動きがより自然に見えるようにします。イージーイーズはアニメーションに緩急を付ける機能で、人間の目には一定の速度で動くよりも、始めと終わり部分は少しずつ速度が変化している方が自然に見えるという現象を利用した効果で、小さな変化ですが人の目に映る効果としてはとても大きいことで知られています。

2 「アニメーション」から「キーフレーム補助」の「イージーイーズ」を選択。

3 キーフレームのマークが変わる。

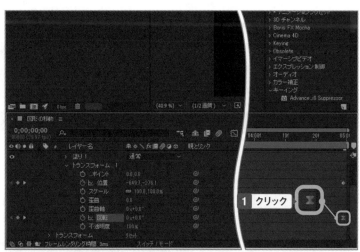

4 同様に、先頭の回転のキーフレームをクリックして、「イージーイーズ」を設定する。その後、再生して動きを確認する。

One Point

イージーイーズ

「イージーイーズ」を設定すると、動きの始まりの部分はゆっくりスタートしてだんだん速くなり、終わりの部分はだんだんゆっくりになるように変化します。

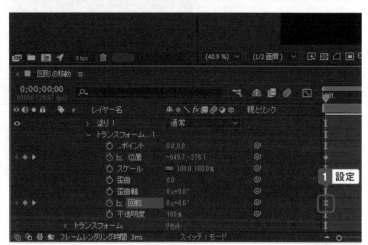

138

Chapter **7**

切り抜いたイラストを
移動しよう

After Effectsの特徴の1つは、アプリの中でさまざまな図やアニメーションを作れることです。その1つに「ロトブラシツール」を使った「切り抜き」があります。用意したイラストや動画の一部分だけを簡単に切り抜くことができ、複数の素材を合成した動画を作ることができます。

Chapter » 7

Section » 01

イラストを挿入する

切り抜くイラスト画像にも背景がある

画像ファイルは一般的に長方形で、たとえイラストだけを使うときでも背景があります。まずはそのまま挿入して、切り抜き加工をする準備をします。

Before	After

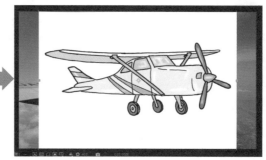

イラストをレイヤーで重ねる

1 プロジェクトパネルにイラストのデータを読み込む。

One Point

映像はタイムラインに配置

映像はあらかじめタイムラインに配置しておきます。この映像の上にイラストが動くようなプロジェクトを作成します。

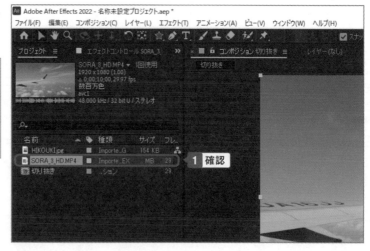

2 プロジェクトパネルのイラストデータを、タイムラインの映像の上にドラッグ。

3 イラストが映像の上のレイヤーに配置される。

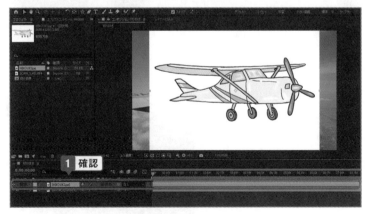

Chapter 7 切り抜いたイラストを移動しよう

One Point

イラストのサイズ

挿入するイラストのサイズは、動画のサイズ（コンポジションで設定したサイズ）とおおまかに合わせておくと作業がしやすくなります。ぴったり同じである必要はありませんが、極端に大きくてはみ出してしまう場合は「トランスフォーム」の「スケール」で調整します。

Chapter » 7

Section » 02

イラストを切り抜く

周囲を切り抜いてイラストだけにする

動画編集ではしばしば、映像や画像の切り抜きを行います。動画の切り抜きは難しくまた
とても時間がかかる作業なので、ここでは静止画のイラストを切り抜きます。

Before	After

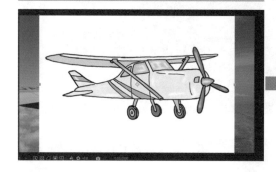

レイヤーを非表示にする

1 動画のレイヤーの「表示／
非表示」をクリック。

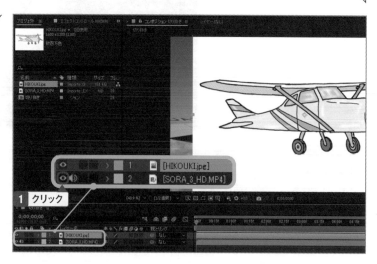

2 レイヤーが非表示になる。

> **One Point**

レイヤーの非表示

　レイヤーを非表示にすると、そのレイヤーは操作できなくなり、重なっている他のレイヤーを操作しやすくなります。

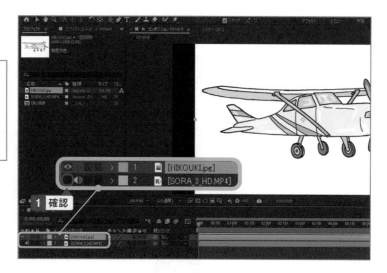

「ロトブラシツール」を使って切り抜く

1 「ロトブラシツール」を選択。

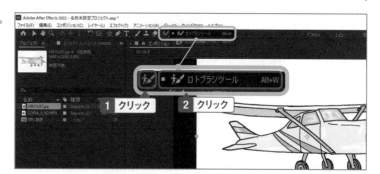

2 イラストのレイヤーをダブルクリック。

> **One Point**

ロトブラシツール

　「ロトブラシツール」はAfter Effects独自の機能で、映像や画像の一部を切り抜くことができる便利なツールです。従来のアプリできれいに切り抜くのは細かい作業が必要でしたが、ロトブラシツールでは映像や画像の内容を自動的に判断して、範囲をきれいに選択することができます。

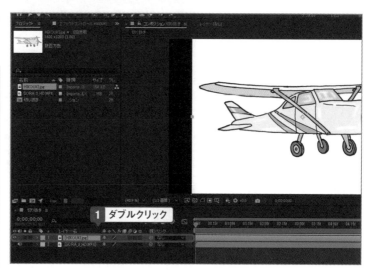

Chapter 7 切り抜いたイラストを移動しよう

3 レイヤーパネルが表示される。

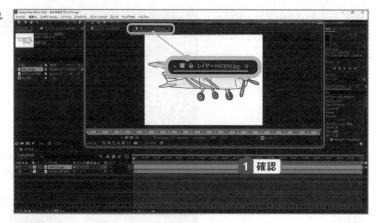

4 切り抜くイラストをおおまかになぞる。

One Point

おおまかに塗ると自動的に範囲指定される

　ロトブラシツールでは、対象物をおおまかになぞって塗るだけで、自動的にその場所にある対象物を選択することができます。

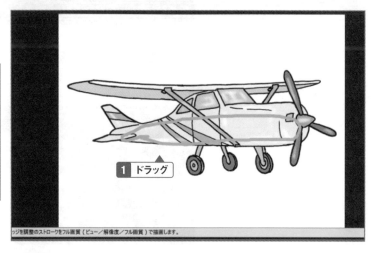

5 周囲が選択される。

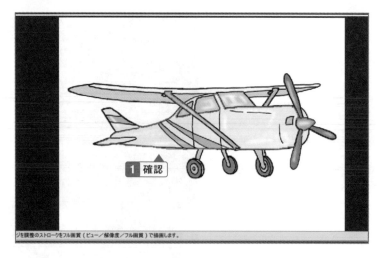

6 同様にロトブラシツールで
イラストを塗るように繰り返
す。

One Point

範囲を追加する

　ロトブラシツールでは、な
ぞっていくことで範囲が追加さ
れます。まずおおまかになぞっ
て、少しずつ細かい部分を追加
していくと、きれいに範囲を選
択できます。

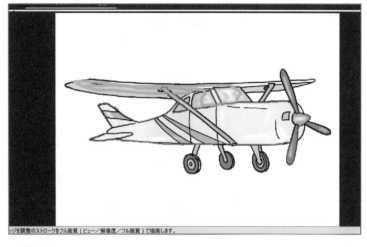

7 選択範囲が追加される。

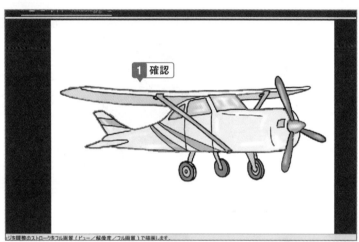

8 イラスト全体を選択するま
で繰り返す。

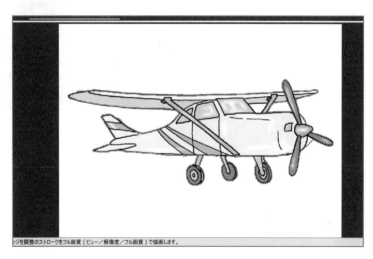

9 不要な部分が選択されている場合、［Alt］キーを押しながら塗ると、赤く表示され、選択範囲を削除できる。

10 範囲選択ができたら、「フリーズ」をクリック。

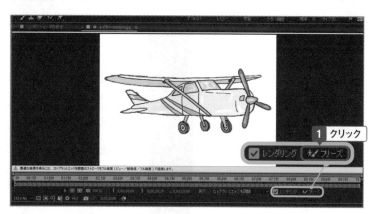

11 切り抜きの処理が行われる。

One Point

フリーズには時間がかかる

　「フリーズ」は、レイヤーの再生時間全体について、1フレームごとに切り抜き作業を処理します。この例では静止画を使っているので範囲が変わらず、比較的単純な処理になるのであまり時間はかかりませんが、動画で対象物が動くと切り抜き範囲も動くため、処理にかなりの時間がかかります。

12 再生時間全体で処理が完了すると、レイヤーパネルに戻るので、コンポジションパネルのタブをクリック。

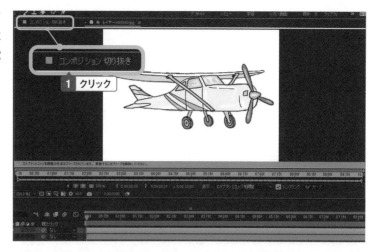

13 切り抜かれた状態を確認し、背後の動画のレイヤーで「表示／非表示」をクリック。

14 動画の上に切り抜かれたイラストが重なる。

One Point

切り抜きは厳密でなくても問題ない

ロトブラシツールでは、おおまかに切り抜くため、小さな背景が残っていたり、一部の線が消えてしまっていることもあります。しかしこのあとイラストを小さくして動かすため、ほとんどわかりません。

Chapter » 7

Section » 03

イラストを複雑な経路で移動させる

キーフレームを使って複雑に移動させる

イラストを複雑な経路で動かします。キーフレームを細かく設定しながら、途中の状態を記録していくことで、カーブや回転などを自在に付けて動かすことができるようになります。

Before

After

イラストの大きさを小さくして動かす

1 ハンドルをドラッグしてイラストを小さくする。

One Point

縦横比を維持する

イラストの大きさを拡大・縮小するときには、[Ctrl] キーを押しながらハンドルをドラッグすると、縦横比を変えずに拡大・縮小できます。

1 ドラッグ

2 インジケーターを先頭に移動する。続いてイラストを映像の外に移動する。

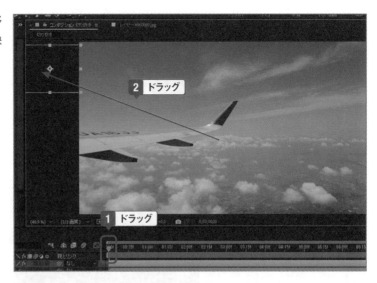

3 レイヤーの「トランスフォーム」を展開し、「位置」と「回転」のストップウォッチをクリック。

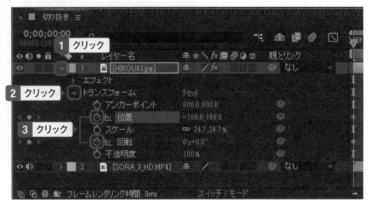

4 インジケーターを移動して、「位置」のキーフレームを打つ。

🖈 One Point

キーフレームの間隔

複雑な動きを作ろうとするほど、細かくキーフレームを打つ必要があります。ここでは10フレームごとにキーフレームを打っていきます。つまり、1/3秒ごとに位置や回転角度を決めていくことになります。

5 イラストを移動する。

6 次の位置にインジケーターを移動して、「位置」と「回転」のキーフレームを打つ。

7 イラストを移動する。

◢ One Point

イラストが動くスピード

キーフレームを打つ間隔とイラストを動かす距離をほぼ等しくすると、イラストはほぼ一定の速度で移動するようになります。キーフレームの間隔に対して移動距離を長くすれば、その間はイラストが速く動くようになります。

8 次の位置にインジケーター
を移動する。

9 イラストを移動して、回転の
角度を設定する。

> **One Point**
>
> **軌跡に表示される点**
>
> イラストを移動すると、軌跡
> が表示されます。さらに軌跡に
> はほぼ等間隔に小さな点が表示
> されます。この点は軌跡の「頂
> 点」で、ペンツールなどを使って
> 動かすことができます。

10 同様に、次の位置にキーフ
レームを打ち、イラストを動
かす。

11 同様の操作を繰り返す(イラストを移動し、キーフレームを追加)。

12 最後は映像の外に出るように移動する。

One Point

枠外を利用する

イラストが「消えている」部分は、動画の枠外を利用します。枠外に移動することで、画面の外に出ていくような動きを作れます。

13 全体を再生して動きを確認する。

Chapter » 7

Section » 04

移動する経路を修正する

ペンツールで移動経路をなめらかにする

キーフレームで作成したイラストの移動は、ペンツールを使うと修正ができます。できるだけなめらかになるように修正すると、自然な動きに見えるようになります。

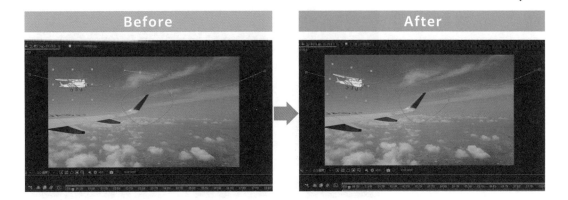

Before	After

経路を修正する

1 レイヤーをクリックして経路を表示する。

2 「ペンツール」をクリックし、頂点やハンドルをドラッグして調整する。

3 なめらかになるように調整する。

One Point

ペンツール

　イラストが動く経路のところどころには四角形で表示される「頂点」があります。この頂点を移動したり、頂点をクリックして表示されるハンドルを動かすことで、前後の曲線の形状を変えることができます。また、ペンツールには、「頂点を追加」や「頂点を削除」もあり、より複雑な形状に修正することもできます。

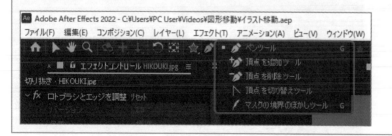

One Point

自動方向を設定する

「レイヤー」から「トランスフォーム」の「自動方向」を選択し、「パスに沿って方向を指定」を選択すると、線に沿ってイラストや図形が自動的に向きを変えるように動きます。ただしこの例のように「回転」で角度を指定している場合は、不自然な動きになりますので使わない方がよいでしょう。

One Point

残像を出す

レイヤーの「モーションブラー」をクリックしてオンにすると、動くイラストや図形に残像を出すことができます。

モーションブラーオフ

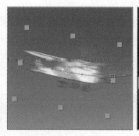

モーションブラーオン

☕ Column　ペンツールを使う

　イラストの移動の軌跡は、「ペンツール」を使いこなすとさらにきれいな図形を描けるようになります。

　最初におおまかに軌跡を作成したのちに、「頂点を削除ツール」で頂点をクリックし、いくつか減らします。頂点を減らすごとに軌跡は比較的直線的な形状に変わっていくので、今度は「頂点を追加ツール」を使って、直線的な部分の中央付近に頂点を追加し、追加した頂点をドラッグして移動します。

　このような作業を繰り返すことで、よりきれいな形状の軌跡に修正することができますし、元の軌跡をまったく変えることもできます。

最初に、「頂点を削除ツール」を選択して、設定されている頂点をいくつか削除する。特に頂点が短い間隔で続いている部分の頂点を減らしていくことがポイント。

頂点を減らしていくと直線的な軌跡になるので、今度は「頂点を追加ツール」を選択して、その直線的な区間の中央あたりをクリックして頂点を追加する。

追加した頂点をドラッグすると、なめらかな曲線の軌跡を作ることができる。

Chapter **8**

素材にさまざまな
加工をしよう

After Effectsは、映像や写真、図形などの素材にいろいろな加工
を施すことが得意です。また、After Effects以外の動画編集アプ
リではなかなかできないような複雑な加工ができることも特徴で
す。エフェクトやレイヤースタイルなどさまざまな機能を使い、
凝った加工を付け加え思い描いた動画を作りましょう。

Chapter » 8

Section » 01

素材を変形する

元の画面の形を変えたり、反転させたりできる

タイムラインに配置した映像の大きさを変えたり、回転したり、反転や変形をするなど、形状に変化を付けることはもっとも基本的な動きの1つといえるでしょう。これらの基本的な形状の変化は、「トランスフォーム」から設定できます。

Before	After

素材の大きさを変える

1 「トランスフォーム」の「スケール」の数値を変える。

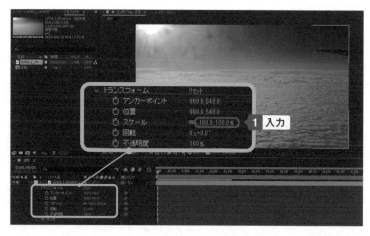

2 大きさが変わる。

Chapter 3 素材にさまざまな加工をしよう

🖋 One Point

位置を変える

「位置」の数値を変更すると、画面内で映像の位置を移動できます。

素材を反転させる

1 「レイヤー」をクリック。

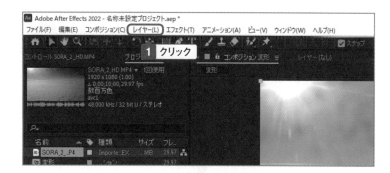

2 「トランスフォーム」の「左右方向に反転」を選択。

🖋 One Point

反転はメニューから

画面の反転は「トランスフォーム」に分類されていますが、レイヤーには表示されていません。反転はメニューから選択します。

159

3 映像が反転する。

4 上下方向に反転する場合は、「レイヤー」から「トランスフォーム」の「垂直方向に反転」を選択。

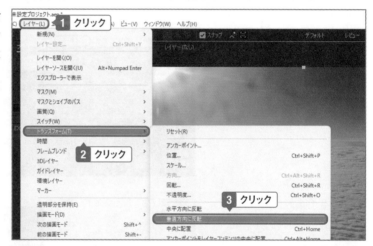

5 上下方向に反転する。

○ One Point

反転と回転との違い

　上下方向に反転すると、上下が逆さまになった画面になります。反転は「鏡写し」の状態になるので、もし画面内に文字などがあると裏向きになります。一方で180°回転した場合は、鏡写しにはならないので、文字がある場合でも裏向きになりません。

素材を回転する

1 「トランスフォーム」の「回転」の数値を変更する。

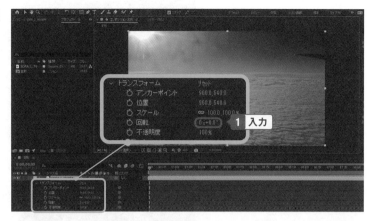

2 映像が回転する。

🔎 One Point

回転の角度

回転の角度は「1x60.0°」のように表示されています。これは「1回転と60°」を意味しています。したがって「0x360.0°」と「1x0.0°」は同じ値になります。また、プラスの数値は右回転、マイナスの数値は左回転となります。

素材を変形する

1 エフェクト&プリセットパネルを表示する。

🔎 One Point

ワークスペースを切り替える

エフェクト&プリセットパネルを表示するときは、ワークスペースを「エフェクト」に切り替えると簡単です。

2 「ディストーション」の「コーナーピン」をタイムラインにドラッグ。

One Point

コーナーピン

「コーナーピン」は、画面の四隅に表示されるピンを動かして、奥行きを表現するエフェクトです。四隅の位置を移動して幅や高さを小さくすると奥まったように見えます。

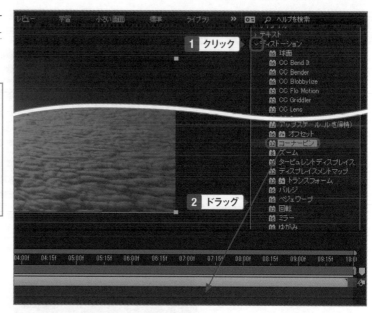

3 エフェクトが追加される。

One Point

数値で指定する

「エフェクト」の「>」をクリックして展開すると、左上、右上、左下、右下のそれぞれの位置を数値で指定できます。

4 四隅のピンをドラッグして変形する。

Chapter » 8

Section » 02

素材の一部を切り抜く

マスクで画面の一部分だけを表示する

素材の一部を切り抜いて必要な部分だけを使うことは、ワイプの作成などで頻繁に利用します。トリミングで切り取ることもできますが、「マスク」を重ねて素材の一部を隠すことで元も映像を加工することなく切り抜くことができます。

Before	After
	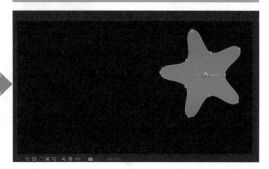

映像にマスクを重ねる

1 タイムラインで切り抜くレイヤーを選択。

163

2 「長方形ツール」をクリックして、切り抜くマスクの形状を選択。

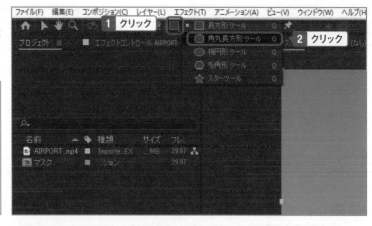

One Point

楕円と多角形

　「楕円形ツール」は正円で切り抜くときも使います。また「多角形ツール」は六角形のアイコンが表示されていますが、三角形や八角形などさまざまな多角形で使えます。

3 プレビューパネルで切り抜く部分をドラッグすると、マスクで映像の一部が切り抜かれる。

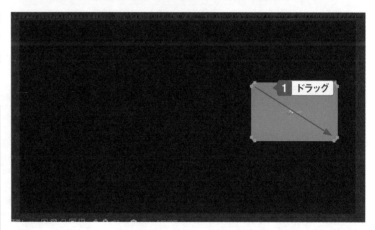

One Point

マスクの機能

　マスクは、映像の一部を「隠す」機能です。ワイプなどの切り抜きで利用しますが、実際に切り抜いてはいません。マスクは映像の中の被写体を選択して切り抜き、背景を合成するような編集にも使います。実際には「隠れている」だけなので、選択ツールで表示された映像部分をドラッグすると位置を移動することができます。

One Point

マスクを移動する

　マスクだけを移動するときは、「選択ツール」をクリックして、マスクで作成した図形に表示されている4つの「■」をクリックしてからドラッグします。マスクの図形の内側をドラッグすると、レイヤー全体が移動します。

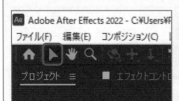
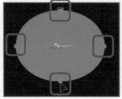

多角形で切り抜く

1 「多角形ツール」を選択。

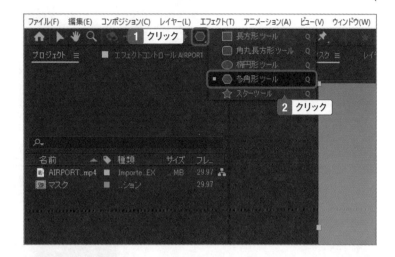

2 切り抜く部分をドラッグし、
ドラッグしたままの状態で
[↓] キーを押す。

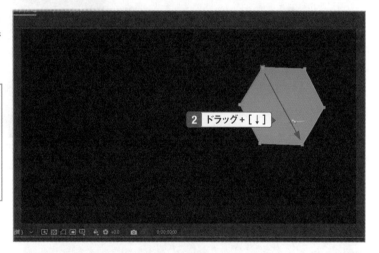

One Point

多角形の形状

「多角形ツール」で描画する形
状は、前回描画した形状が保存
されています。初期設定は六角
形ですが、三角形を描いたあと
は三角形が設定されています。

3 頂点が1つ減り、五角形に
なる。同様にそのまま[↓]
キーを2回押す。

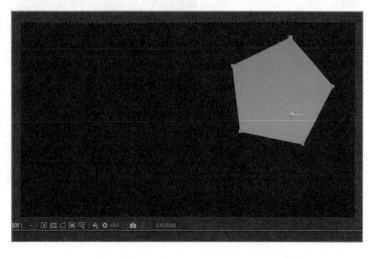

4 頂点が2つ減り、三角形になる。

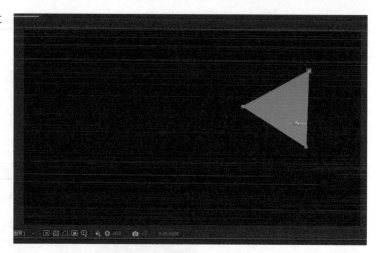

One Point

頂点を増やす

　頂点を増やすときは、[↑] キーを押します。頂点の数を変更するときには、ドラッグしたままの状態で [↑] [↓] キーを押します。ドラッグしたマウスのボタンを離すと、形状が確定します。

↑スターツールで星を描いて頂点を1つ増やした場合

頂点をなめらかな形状にする

1 「スターツール」で星型のマスクを描く。

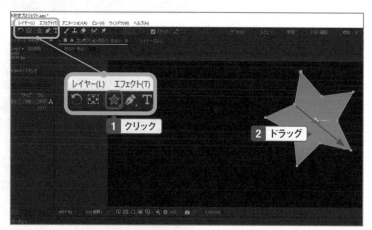

レイヤー(L)　エフェクト(T)

1 クリック

2 ドラッグ

2 「ペンツール」の「頂点を切り替えツール」を選択。

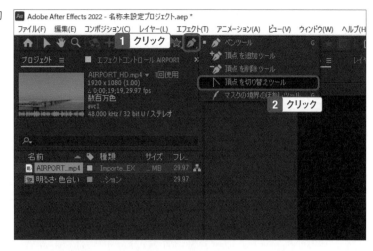

3 頂点をクリック。

4 頂点の形状が変わる。

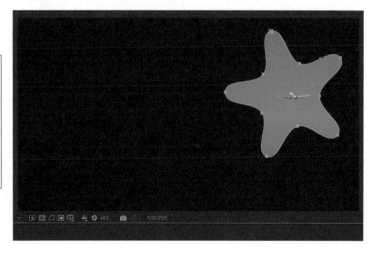

One Point

頂点を切り替えツール

「頂点を切り替えツール」は、頂点の形状を「直線状」と「曲線状」に切り替えるツールです。「曲線状」にすることで、なめらかな曲線を描いた図形に変形できます。

Chapter » 8

Section » 03

素材の色合いを変える

モノクロや単色系の映像を作る

撮影した動画の色合いが気に入らないときや、あえて印象を変えるために、色や明るさを
調整します。逆光で被写体が暗くなってしまった動画や、ライトの影響で色合いが変わっ
てしまった動画などを、自然なイメージにすることもできます。

Before	After

動画の明るさや色合いを調整する

1 ワークスペースを「エフェクト」に切り替える。続いて「エフェクト＆プリセット」パネルで「エフェクト」の「カラー補正」を選択。

2 「色相 / 彩度」をタイムラインにドラッグ。

3 色相や彩度を調整する。

One Point

自然な彩度

　風景や人物では「自然な彩度」を使うと簡単に違和感なく色味を変えることができます。「色相 / 彩度」と組み合わせることもできます。

One Point

「カラー補正」エフェクト

　「カラー補正」エフェクトでは、映像にさまざまな色の効果を追加します。明るさは「露光量」や「輝度＆コントラスト」で調整します。また、「白黒」でモノクロ映像にしたり、「トーンカーブ」で色味の微調整をしたり、さまざまな調整が可能です。

「白黒」エフェクトを使用してモノクロ映像にする

Chapter **8** 素材にさまざまな加工をしよう

Chapter » 8

Section » 04

素材にボカシを加える

モザイクを使えばプライバシーの保護もできる

背景をあえてボカすことで、立体感を出したり、被写体を浮き立たせたりする効果が生まれます。また第三者が映っている動画にボカシを入れて誰かわからないようにすれば、プライバシーの保護にも役立ちます。

Before

After

ブラー効果で全体をボカす

1 「エフェクト&プリセット」パネルで「ブラー&シャープ」を選択。

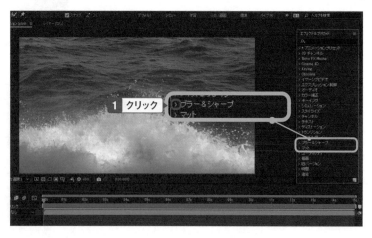

2 「ブラー」を選択してタイムラインにドラッグ。

◎ One Point
ブラーの種類

ブラーにはいくつかの種類があり、それぞれボカシの付け方が変わります。多く使われるのは「ガウス」「放射状」「方向」で、プレビューを見ながら最適なエフェクトを使います。

3 「エフェクトコントロール」パネルでボカシの程度を調整する。

◎ One Point
映像をシャープにする

ボカシを加えるのとは逆に、ピンぼけ気味の映像をシャープにする場合は、「シャープ」や「アンシャープ」を使います。

◎ One Point
カメラぶれ除去

「ブラー＆シャープ」にある「カメラぶれ除去」は、ビデオカメラで撮影したときの手ぶれを軽減できる便利なエフェクトです。細かい振動を減らします。

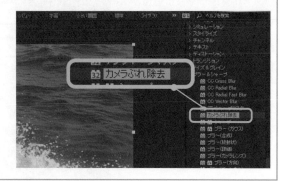

映像の一部分にモザイクを加える

1 モザイクを加える映像のタイムラインを選択。

2 「レイヤー」から「新規」の「調整レイヤー」を選択。

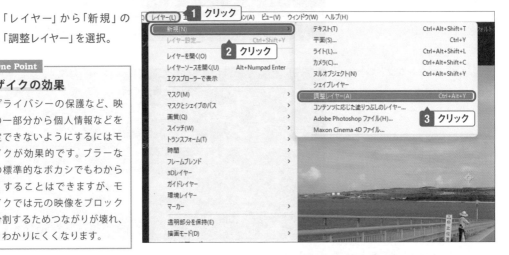

One Point

モザイクの効果

　プライバシーの保護など、映像の一部分から個人情報などを特定できないようにするにはモザイクが効果的です。ブラーなどの標準的なボカシでもわからなくすることはできますが、モザイクでは元の映像をブロックに分割するためつながりが壊れ、よりわかりにくくなります。

3 「調整レイヤー」が追加される。

4 「エフェクト＆プリセット」パネルの「スタイライズ」で「モザイク」を調整レイヤーにドラッグ。

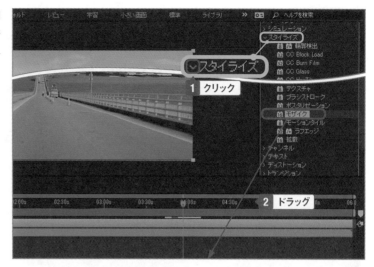

5 映像全体にモザイクがかかる。

> **One Point**
>
> **モザイクの大きさ**
>
> 　モザイクの大きさは、「エフェクトコントロール」パネルで調整します。水平方向と垂直方向でそれぞれの調整ができ、数値が大きいほどモザイクが小さくなり、数値が小さいほどモザイクが大きくなります。

6 モザイクの大きさを調整する。

7 「長方形ツール」を選択。

8 モザイクをかける部分に長方形を描くと、指定した範囲にモザイクがかかる。

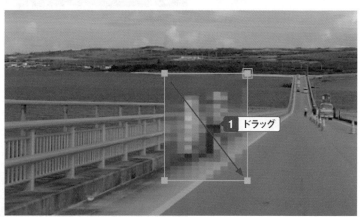

🕯 One Point

モザイクの形状

　モザイクの形状は、「長方形ツール」の他に、「楕円ツール」や「多角形ツール」を使うこともできます。また「ペンツール」を使いフリーハンドで描いた形状を設定することもできます。

🕯 One Point

モザイクを動かす手間

　動画の場合、モザイクをかけたい場所がずっと同じ位置にあるとは限りません。画面を横切る人物にモザイクをかけようとすれば、モザイクの位置も移動します。つまり、ある位置でモザイクをかけても、キーフレームを使いながらモザイクの位置を移動する必要があります。単純な動きならば少ないキーフレームで設定できますが、複雑な動きの場合、動きに合わせてキーフレームを打ち、とても面倒な作業になります。

　この手間を軽減するためには、動画を撮影する段階でモザイクのことを考え、できるだけモザイクをかける部分が動かないような録り方をするのも1つのコツです。

Chapter » 8

Section » **05**

素材に印象的なイメージを合成する

映像に雨や雪を降らす

After Effectsでは、さまざまなイメージを追加する効果を利用できます。たとえば雨を降らせたり落雷のような映像を追加したり、泡模様を重ねたりして、映像の印象を変えることができます。ここでは雨と雪を追加してみましょう。

Before

After

雨を降らす

1 ワークスペースを「エフェクト」に切り替えて、「エフェクト&プリセット」パネルを表示する。

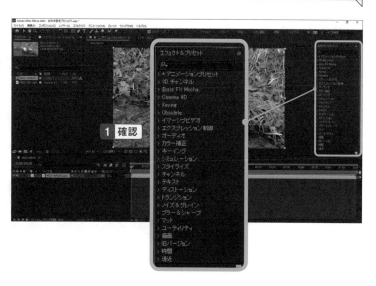

175

2 「シミュレーション」の「CC Rainfall」をタイムラインにドラッグ。

> **One Point**
>
> **雨を降らすエフェクト**
>
> 雨を降らすエフェクトは「CC Rainfall」を使います。その名の通り、画面に雨の表現を追加するエフェクトで、雨滴の軌跡のように細かい線が追加されます。

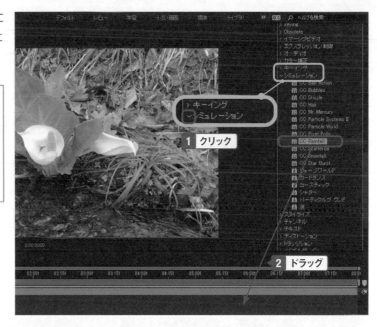

3 「エフェクトコントロール」パネルで雨の量や風向きを調整する。

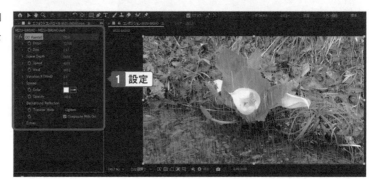

雪を降らす

1 「エフェクト&プリセット」パネルの「シミュレーション」で「CC Snowfall」をタイムラインにドラッグ。

2 「エフェクトコントロール」パネルで雪の量や風向きを調整する。

1 設定

🐾 One Point

雪を降らすエフェクト

雪を降らすエフェクトは「CC Snowfall」で、こちらも雨と同様に、画面に雪の表現を追加するエフェクトです。

Chapter 8 素材にさまざまな加工をしよう

🐾 One Point

色相と彩度を調整する

雪の場合、青空のように好天では不自然に見えるので、色相や彩度を調整して色味を落とすとよいでしょう。

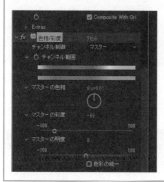

🐾 One Point

シミュレーションエフェクト

「エフェクト＆プリセット」の「シミュレーション」には、さまざまな映像を追加するエフェクトが用意されています。星が高速で現れたり消えたりする「CC Star Burst」や、泡がぶくぶくと現れる「泡」など、ユニークなエフェクトもあり、1つずつ試してみると映像制作のイメージが膨らむでしょう。

「泡」のエフェクト

Chapter » 8

Section » 06

素材の切り替えに変化を付ける

トランジション効果を使って画面切り替え効果を付ける

単純なフェードインやフェードアウトであれば、透明度を使って設定できますが、エフェクトにあるトランジション効果を使うと、凝った画面の切り替え効果を追加できるようになります。

Before	After

トランジション効果を使う

1 複数の映像や画像をタイムラインに配置する。

One Point

「オーバーラップ」と「トランジション」の オン/オフ

　映像の切り替えを作成するときには、タイムラインに配置する際、切り替え分の時間だけ重ねて配置します。「プロジェクト」パネルからまとめてタイムラインに配置する場合、「オーバーラップ」をオンにして、「トランジション」をオフにします。

2 ワークスペースを「エフェクト」に切り替え、「エフェクト＆プリセット」パネルの「トランジション」を選択する。その後、使用するエフェクト（ここでは「放射状ワイプ」）をタイムラインにドラッグ。

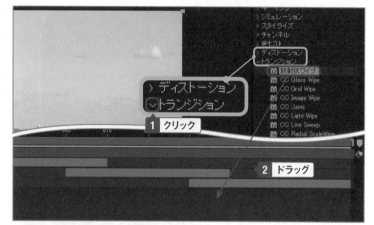

3 タイムラインの「エフェクト」を展開し、インジケーターを画面が切り替わり始める位置に移動する。

One Point

重なる上のレイヤーに エフェクトを追加する

　画面の切り替えでは、重なる画面の上のレイヤーにエフェクトを追加します。上のレイヤーの映像がさまざまな動きで少しずつ消え、下のレイヤーが見えるようになる仕組みです。

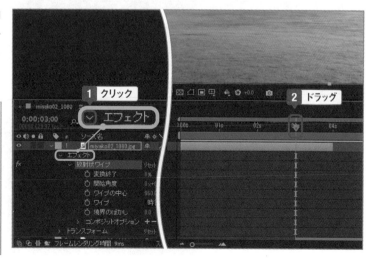

4 「変換終了」のストップ
ウォッチをクリックすると、
インジケーターの位置に
キーフレームが打たれる。

One Point

「変換終了」を「0%」にする

キーフレームを打ったとき、
「変換終了」が「0%」になってい
ない場合は値を「0%」に修正し
ます。

5 上のレイヤーの映像（選択し
ているタイムライン）が終了
する位置にインジケーター
を移動し、「変換終了」の
キーフレームを打つ。

One Point

「変換終了」を設定する

After Effectsで使うエフェクト
には、「変換終了」を設定するも
のが多くあります。「変換終了」
が「0%」の位置では何もエフェ
クトが追加されない状態で、「変
換終了」が「100%」の位置でエ
フェクトがすべて付いた状態に
なります。その間は何も指定しな
ければ均等に変化しますが、途中
にキーフレームを打って、変化の
速度を変えることもできます。

6 「変換終了」の値を「100」%
に設定する。

7 再生して確認する。

🖐 **One Point**

英語表記のエフェクト

エフェクトの中には、英語表記で登録されているものがあります。特に「CC」で始まるエフェクトはほぼ英語表記になっています。しかしこれらも設定は同様で、トランジションで使う「変換終了」は「Completion」と表示されています。

🖐 **One Point**

トランジションは動画の冒頭から始まる

トランジションをタイムラインにドラッグして追加すると、動画全体にトランジションが設定されます。したがって、動画全体の時間で少しずつ画面切り替えの変化が付くようになります。そのままでは次の動画が重なる前から画面切り替え効果が始まってしまいますので、必ず画面切り替え効果を開始する位置にキーフレームを打ち、「変換終了」を「0%」に設定します。

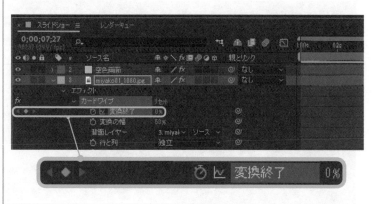

Chapter » 8

Section » 07

素材を立体的に変化させる

3Dレイヤーで立体的な映像を作る

After Effectsでは、「3Dレイヤー」を使ってレイヤーを3D化することで、映像を立体的に動かすことができます。変形を使って細かく設定する必要がなく、簡単にさまざまな表現ができるようになります。

Before	After

3D レイヤーを作成する

1 写真や動画をタイムラインに配置する。

2 「レイヤー」の「3Dレイヤー」を選択。

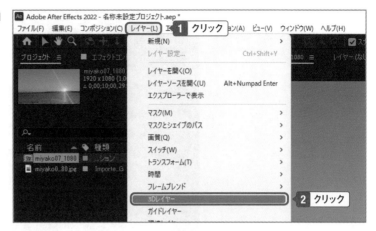

Chapter 8 素材にさまざまな加工をしよう

One Point

通常のレイヤーを3Dレイヤーに変更する

3Dレイヤーへの変更は、レイヤー上の「3Dレイヤー」をクリックして切り替えることもできます。

3 通常のレイヤーが3Dレイヤーに切り替えられ、X軸、Y軸、Z軸のコントロールが表示される。

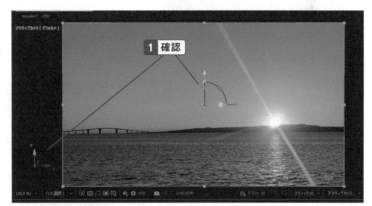

4 レイヤーを展開すると、「X回転」「Y回転」「Z回転」が追加されていることがわかる。

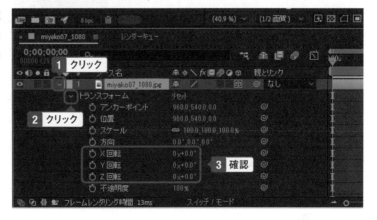

5 「X回転」「Y回転」「Z回転」の値を変更すると画面が立体的に変化する。

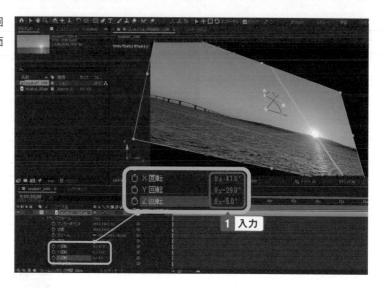

📝 One Point

「Z回転」が奥行き

3Dレイヤーでは「Z軸方向」という概念が追加されます。通常の平面では、左右の「X軸方向」と上下の「Y軸方向」だけで位置が決まりますが、立体空間では「手前側、奥側」の位置を示す「Z軸方向」を考える必要があります。

📝 One Point

カメラ設定

3Dレイヤーでは「レイヤー」の「カメラ設定」で疑似的にカメラから映し出したような視点の設定ができます。レンズの焦点距離やフィルムサイズを調整することによって、画面をどこからどのように見たような状態かを細かく再現できます。

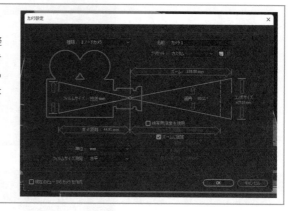

📝 One Point

文字も3Dレイヤーにできる

3Dレイヤーは、文字を配置したテキストレイヤーにも設定できます。文字を立体的に表示することができます。

Chapter » 8

Section » 08

図形に厚みを付ける

図形や文字を浮き出す

「ベベル」を使うと、図形や映像全体にライトと影の部分を追加して、厚みを付ける表現ができます。特にシェイプで図形を描いた場合、簡単に立体的な動画にすることができ、テロップの背景などに役立ちます。

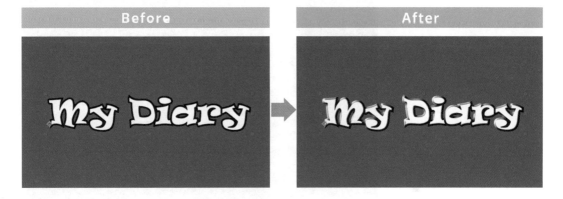

Before　→　After

図形や文字に厚みを表現する

1 ワークスペースを「エフェクト」に切り替える。

2 「エフェクト&プリセット」パ
ネルの「遠近」で、「ベベル
アルファ」をタイムラインの
図形または文字のレイヤー
にドラッグ。

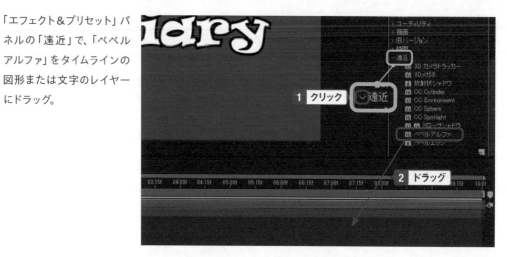

3 「ベベルアルファ」のエフェク
トが追加される。

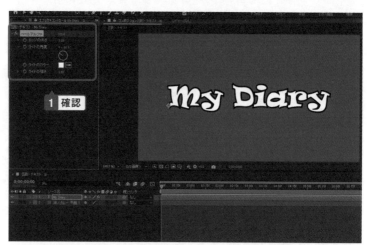

4 「エフェクトコントロール」
パネルで数値を調整する
と、図形や文字が立体的に
表現される。

One Point

「ベベルアルファ」の設定

エッジの太さは立体部分の縁
の太さで、太くするとより盛り
上がっているようになります。
また、ライトの強さを大きくす
ることで、立体的な表現がより
明確になります。

Chapter » 8

Section » 09

図形にライトを当てる

ライトの位置を動かして影を映す

立体的な図形にライトを当てると、明暗を作り、より立体感が引き立ちます。After Effectsでは、動画に配置した立体図形にさまざまな方向から光を当て、印象的な効果を加えることができます。

Before

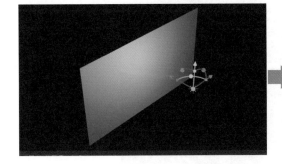

After

図形にスポットライトを当てる

1　図形を描いて3Dレイヤーに切り替える。

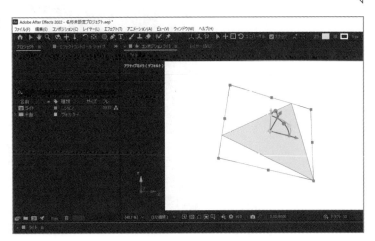

2 「レイヤー」から「新規」の「ライト」を選択。

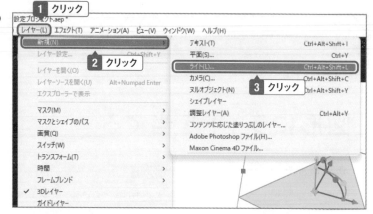

3 「ライトの種類」で「スポットライト」を選択し、「OK」をクリック。

One Point

ライトの色

「カラー」で、ライトを好みの色に設定できます。黄色や赤を使う場合でも、できるだけ明るい（薄い）色を設定した方がより効果を表せるようになります。

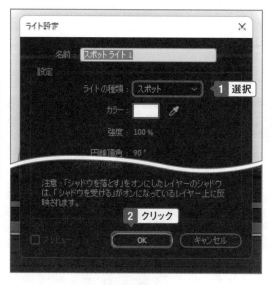

4 光源が追加され、図形にライトが当たるように表現される。

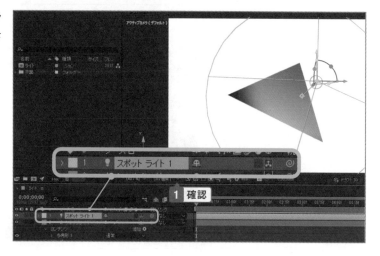

5 「選択ツール」で光源を移動すると、ライトの当たり方を変えられる。

光源を移動する

光源は、中心をドラッグして移動します。図形に近づけるほど光の点は小さくなり、遠ざけるほど光は広く拡散するようになります。

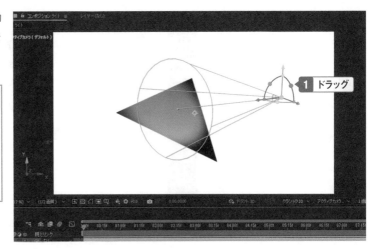

文字にポイントライトを当てて影を落とす

1 平面レイヤーを作成する。続いて文字を入力し、平面レイヤーの上に配置する。

平面レイヤーに文字の影を映す

ここでは白い平面レイヤーを追加しています。この平面レイヤーをスクリーンのように見立て、その上のレイヤーに作成した文字の影を映し出します。

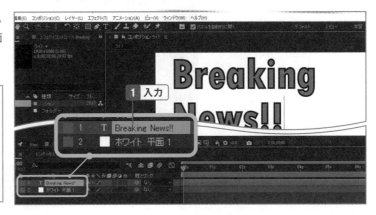

2 テキストレイヤー（文字のレイヤー）をクリックする。続いて「レイヤー」から「トランスフォーム」の「アンカーポイントをレイヤーコンテンツの中央に配置」を選択。

3 「レイヤー」から「トランスフォーム」の「中央に配置」を選択。

One Point

中央に配置

「トランスフォーム」の「中央に配置」を選択すると、図形や文字が画面の中央に配置されます。このとき、アンカーポイントが画面の中心に移動しますので、図形や文字の全体を中央に配置したい場合はあらかじめアンカーポイントを図形や文字の中心に移動しておく必要があります。

4 文字が画面の中央に配置される。

5 レイヤーの「3Dレイヤー」をクリックして、2つのレイヤーを3Dレイヤーに切り替える。

One Point

3Dレイヤーに切り替える

3Dレイヤーの切り替えは、メニューから操作することもできますが、レイヤー上で簡単に切り替えることができます。

6 「カメラビュー」の「カスタム
ビュー1」を選択。

One Point
カスタムビュー

「カスタムビュー1」では、レ
イヤーを斜め上から見た状態に
なります。「カスタムビュー1」
「カスタムビュー2」「カスタム
ビュー3」はいずれも、好みの視
点を設定できますが、斜め上か
ら見ることができる「カスタム
ビュー1」はそのまま使うとさま
ざまな場面で役立ちます。

7 斜め上から見た状態が表示
される。

One Point
カメラビュー

カメラビューでは、カメラか
らの視点を再現して、現在の状
態をさまざまな角度から見た状
態を表示します。カメラビュー
を切り替えることで、図形や文
字などの立体的な重なりなどを
確認できます。この状態は、白い
平面レイヤーの上に赤い文字が
ぴったりと乗っていることがわ
かります。

8 選択ツールをクリックする。
続いて文字のZ軸にマウス
カーソルを合わせ、「Z」が
表示されることを確認する。

9 Z軸方向にドラッグすると、文字がZ軸方向に移動する。

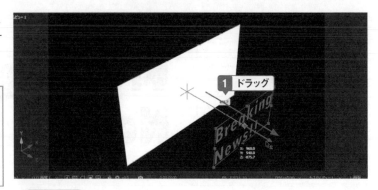

One Point

Z軸方向への移動

Z軸は、前後の重なり方向の軸です。Z軸方向に移動することで、文字を白い平面レイヤーから浮かせる状態にできます。

10 「レイヤー」から「新規」の「ライト」を選択。

11 「ライトの種類」で「ポイント」を選択し、「シャドウを落とす」のチェックをオンにする。

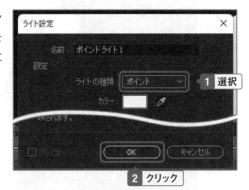

12 ライトの色を選択し、「OK」をクリック。

One Point

ライトの色

ライトの色は一般的に、実際のライトでも使われているような白や黄色を選択すると実感的です。一方で青や緑など、あまり使われていないライトの色で不思議な空間を演出することもできます。

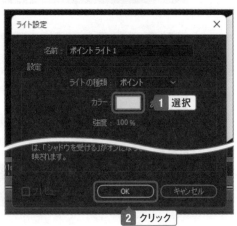

13 光源が追加され、レイヤーにライトが当たるような表現になる。

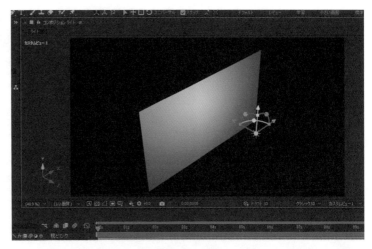

14 光源をドラッグ。

One Point

光源の位置

光源はできるだけ離した方が、平面レイヤー全体に光が当たります。また、X軸方向やY軸方向にドラッグして、斜め方向から光を当てることもできます。

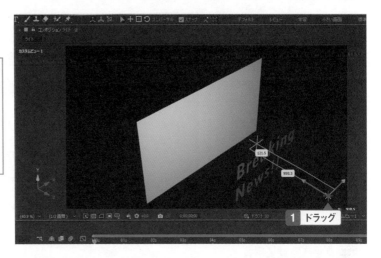

15 光源が移動する。

One Point

あくまでも「見ている方角からの再現」

「カメラビュー」は、あくまでも見ている方向からの再現で、この作例でも「斜め上から見た状態」を再現し、素材ごとの距離感などを把握しやすくしています。編集をして、動画として保存し、再生すると正面から見た状態になります。

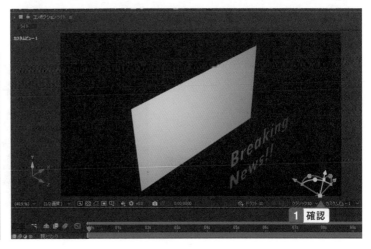

16 テキストレイヤーを展開し、「シャドウを落とす」をクリック。

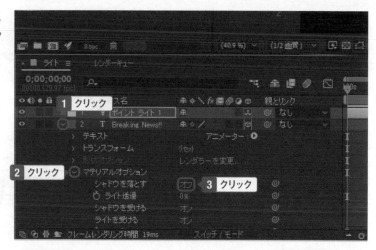

17 文字の影が平面レイヤーに映る。

🔆 One Point

文字や光源を動かして調整する

影が表示されたら、光源や文字を移動して影の映り方を調整し、イメージを作成します。

🔆 One Point

影が表示されない場合

影が表示されない場合は、平面レイヤーの「マテリアルオプション」で「シャドウを受ける」が「オン」になっているか確認します。また、「ライト」のレイヤーの「ライトオプション」で「シャドウを落とす」が「オン」になっているか確認します。これらを確認しても影が表示されない場合は、光源や文字の位置を移動して、ライトの当て方を調整します。

Chapter » 8

Section » **10**

金属的な文字を表現する

文字が光で反射するように見せる

タイトルではしばしば、金属が光で反射しているような文字を使い、目立たせることがあります。YouTubeなどでも、より多くの人に注目してもらうために役立つ表現方法です。

Before	After

文字を光るように加工する

1 ワークスペースを「テキスト」に切り替え、文字を配置する。

195

2 ワークスペースを「エフェクト」に切り替えて、「エフェクト&プリセット」パネルの「描画」で「CC Light Sweep」をタイムラインにドラッグ。

One Point

Light Sweep

「Light Sweep」は「ライトを動かす」という意味で、文字や図形の一部にライトを動かしながら当てたように加工します。ただし実際にライトは動きませんので、値で調整した状態を保持します。

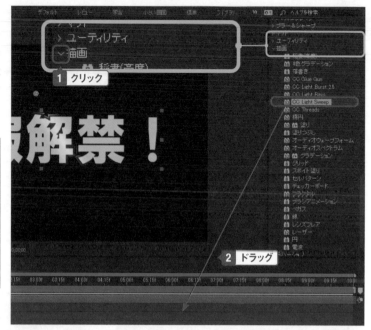

3 「エフェクトコントロール」パネルで数値を調整する。

One Point

「CC Light Sweep」の調整

「エフェクトコントロール」パネルでは、「Width」(ライトの幅)、「Sweep Intensity」(ライトの強さ)、「Edge Intensity」(エッジの強さ)、「EdgeThickness」(エッジの厚さ)のすべての数値を大きめに設定するとより表現が明瞭になります。

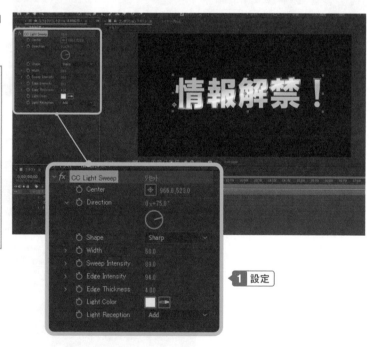

Chapter » 8

Section » **11**

文字をユニークに動かす

複雑なアニメーション効果を簡単に追加する

After Effectsの「アニメーションプリセット」を使うと、文字にさまざまな動きを加えることができます。Premiere Proなどでは難しい複雑な文字の動きを作れるので、個性的な動画制作に役立ちます。

Before

After

アニメーションプリセットを参照する

1 映像に文字を配置する。その後ワークスペースを「エフェクト」に切り替え、「エフェクト＆プリセット」パネルのメニュー（≡）をクリック。

2 「アニメーションプリセットを参照」をクリック。

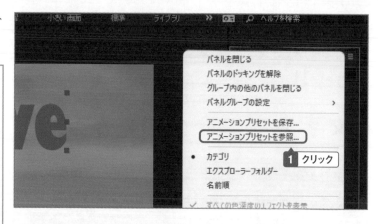

One Point

アニメーションプリセット

　「エフェクト＆プリセット」パネルの「アニメーションプリセット」には、さまざまなアニメーション効果が登録されています。1つずつタイムラインに追加しながら確認するのは大変なので、「Adobe Bridge」というアプリを使って確認します。

3 「Adobe Bridge」が起動し、「Presets」フォルダーが表示されるので、「Text」の「>」をクリックして展開する。

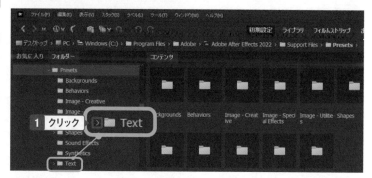

One Point

「Adobe Bridge」をインストールする

　「Adobe Bridge」は、ファイル管理アプリです。写真や動画などのサムネイルを表示しながら、効率よくファイルを探すことができます。After Effects を使っている場合、Adobe Bridgeは無料で利用できますので、インストールしておきましょう。インストールは、「Adobe Creative Cloud」のWebサイトまたはアプリから行います。

4 フォルダーをクリックし、登録されているエフェクトをクリックして動きを確認する。続いて、使いたいエフェクトの名称を確認する。

One Point

「お気に入り」タブが表示されている場合

　「お気に入り」タブが表示されている場合、「フォルダー」タブをクリックしてフォルダーの一覧を表示します。

アニメーションプリセットを使う

1 「エフェクト&プリセット」パ
ネルの「アニメーションプ
リセット」から、使用するエ
フェクトをタイムラインにド
ラッグ。

2 エフェクトが追加される。

💡 One Point

アニメーションプリセット

アニメーションプリセットは、
複雑な動きを1つにまとめて簡
単に設定できるエフェクトです。
1つずつ設定すると膨大な手間
がかかるエフェクトを、タイム
ラインにドラッグするだけで利
用できるようになります。特に
テキスト（文字）についてはユ
ニークなアニメーションが多数
登録されていますので、いろい
ろと試してみましょう。

3 再生して動きを確認する。

Chapter 8　素材にさまざまな加工をしよう

Chapter » 8

Section » **12**

文字を背景に浮き上がらせる

浮き上がる文字でタイトルを作る

動画のはじめに作るタイトルは、文字を動画に書き込んで作ると簡単ですが、テクスチャを使って簡単に文字を浮き上がらせると、動画の画面に溶け込む凝ったデザインのタイトルになります。

Before	After

文字を浮き上がらせる

1 動画のレイヤーを選択し、「横書き文字ツール」をクリック。

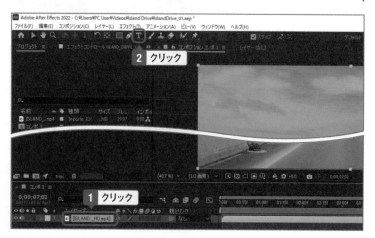

2 タイトルを入力し、フォント
や文字サイズを調整。

One Point

テキストレイヤーが
作成される

「横書き文字ツール」で画面に文
字を入力すると、自動的に「テキ
ストレイヤー」が作成されます。

1 入力

2 調整

3 テキストレイヤーの「トラン
スフォーム」で「不透明度」
を「0%」に設定。

One Point

文字が見えなくなる

「不透明度」を「0%」にする
と、文字が見えなくなります。

1 クリック

2 クリック

3 入力

4 ワークスペースを「エフェク
ト」に切り替える。

1 クリック

2 クリック

5 エフェクト＆プリセットパネルの「スタイライズ」で「テクスチャ」を動画のタイムラインにドラッグ。

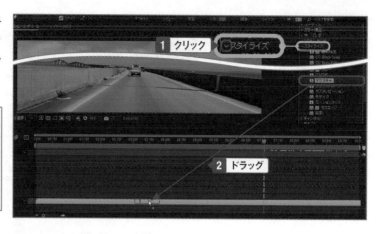

One Point

「テクスチャ」を追加するレイヤー

エフェクトの「テクスチャ」は動画のレイヤー（タイムライン）にドラッグします。

6 エフェクトコントロールパネルの「テクスチャレイヤー」でテキストレイヤーを選択。

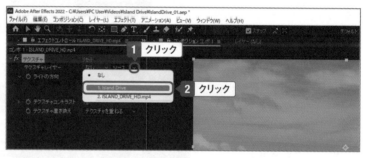

One Point

選択するレイヤー

テクスチャのエフェクトを追加したレイヤーに対して、テクスチャを作成するレイヤーを指定します。エフェクトは動画のレイヤーにドラッグして追加しますが、「テクスチャレイヤー」で設定するレイヤーは文字を入力したテキストレイヤーです。

7 エフェクトコントロールパネルでライトの方向とコントラストを調整する。

One Point

テクスチャ置き換え

設定の「テクスチャ置き換え」は、テクスチャに利用するレイヤーの大きさが小さい場合に使用します。「テクスチャを重ねる」は画面内に収まる数だけテクスチャを並べます。「中央テクスチャ」は画面の中央に配置します。「テクスチャを伸縮させフィットさせる」はテクスチャを画面サイズに合うように拡大（または縮小）します。文字を直接入力して作成したテキストレイヤーは動画と画面サイズが同じになるので、「テクスチャ置き換え」のどれを選んでも変わりません。

Chapter » 8

Section » **13**

画面に光を散らす①

点や文字を放出する

After Effectsを使って画面に加えるアニメーションの中で、しばしばプロの編集でも使われているのが「パーティクル」です。パーティクルは「粒を飛ばす」ような効果ですが、応用することでさまざまな演出ができます。

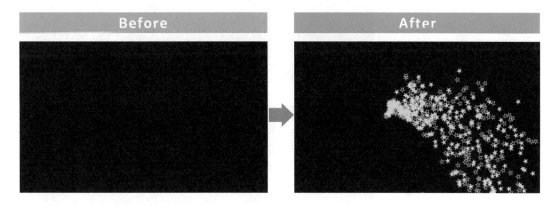

Before

After

ドット（点）を散らす

1 ワークスペースを「　エフェクト」に切り替える。

2 エフェクト&プリセットパネルで「シミュレーション」の「パーティクルプレイグラウンド」をタイムラインにドラッグ。

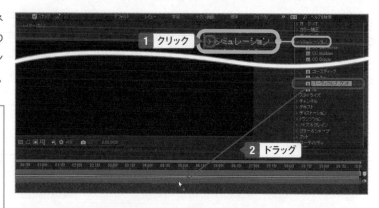

One Point

レイヤーは動画も使える

ここではパーティクルの状態がわかりやすいように、黒い「平面レイヤー」を作成してエフェクトを追加しています。動画の作成では、レイヤーに動画を使うことで、特定の場所から粒子が飛び散っているようなイメージを作れます。

3 ドットが放出されるようなアニメーションが作成される。

One Point

インジケーターを移動する

パーティクルプレイグラウンドは、最初何も現れないところから、数秒内にドットが放出されます。0秒では何も表示されませんので、状態を確認するには、再生するか、インジケーターを数秒移動します。

4 エフェクトコントロールパネルの「キャノン」の値を設定する。

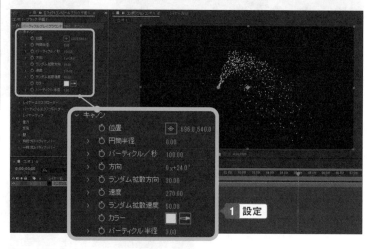

One Point

「キャノン」設定

キャノン設定では、ドットが放出される位置や大きさ、方向などを調整できます。

位置	放出の中心位置	速度	速度
円筒半径	小さいほど広く拡散する	ランダム拡散速度	ランダム拡散速度
パーティクル／秒	放出する量	カラー	カラー
方向	放出の方向	パーティクル半径	パーティクル半径
ランダム拡散方向	ランダムに放出される方向の度合い		

5 エフェクトコントロールパネルの「重力」の値を設定する。

> 🖉 **One Point**
>
> **「重力」の設定**
>
> 　重力は、放出されるドットがある方向に引っ張られる度合いを設定します。「力」の値が大きいほど、放出されたドットが同じ方角に向かう傾向が強くなります。

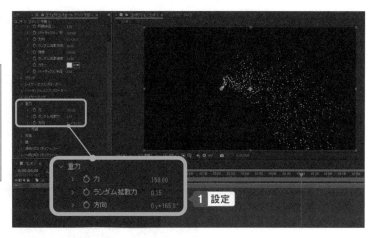

「★」「☆」を放出する

1 エフェクトコントロールパネルの「パーティクルプレイグラウンド」で「オプション」をクリック。

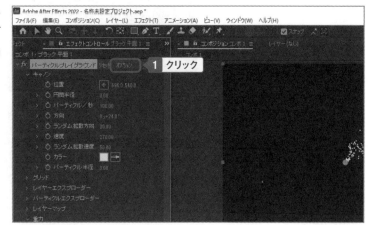

2 「キャノンテキストを編集」をクリック。

> 🖉 **One Point**
>
> **文字を放出する**
>
> 　パーティクルプレイグラウンドでは、ドットの代わりに文字を放出することができます。文字の記号で入力できる「★」や「☆」を使うと、星の形を放出できます。

3 「★☆」と入力し、順序の「ランダム」を選択。続いて「ループテキスト」をオンにして、「OK」をクリック。

One Point

フォントを指定する

「フォント」と「スタイル」で表示する文字のフォントを指定できます。「★」や「☆」ではどのフォントでもあまり変わりませんが、文字を放出するときにはフォントを変えるとイメージが大きく変わります。

---

4 「自動回転」をオンにし、「OK」をクリック。

---

5 「キャノン」の「フォントサイズ」を設定する。

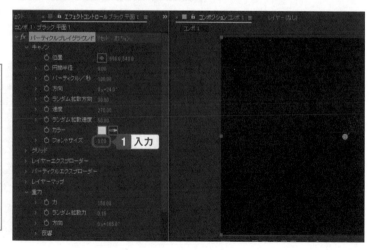

One Point

フォントサイズは拡大する

文字を設定すると「パーティクル半径」が「フォントサイズ」の設定に変わります。「フォントサイズ」は、初期設定で「8.00」になっていますが、この大きさでは小さくて文字の判別ができません。拡大して文字が判別できるようにします。

6 再生して確認する。

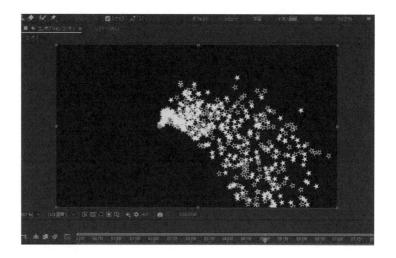

💠 **One Point**

さまざまな文字を放出する

ここでは記号の「★」と「☆」を使いましたが、日本語や英数字の文字をランダムに放出したり、さまざまな記号を放出したりすれば、ユニークなアニメーションを作れます。パーティクルプレイグラウンドはアイディア次第で表現の幅が広がるエフェクトです。

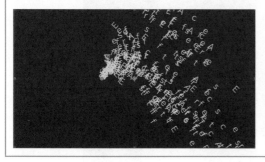 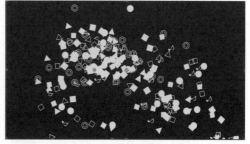

💠 **One Point**

動画や画像に重ねると効果的

ここでは見やすいように、黒い平面レイヤーを1つだけ作成し「パーティクル」を追加しましたが、実際の動画編集では、別の動画や画像などの素材の上に重ねてパーティクルを表示するとさまざまな演出ができるようになります。

Chapter » 8

Section » 14

画面に光を散らす②

輝きや炎などを表現する

「CC Particle Systems II」は、基本は「パーティクルプレイグラウンド」と同じドットを拡散するエフェクトですが、輝く光のような表現や炎が燃えているようなアニメーションを作れます。

After

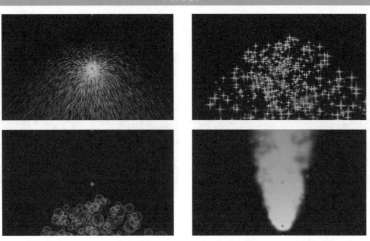

花火のようなアニメーションを作る

1 ワークスペースを「エフェクト」に切り替える。

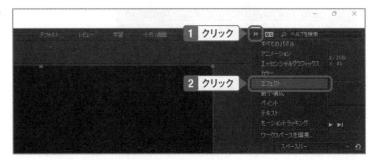

2 エフェクト＆プリセットパネルで「シミュレーション」の「CC Particle Systems II」をタイムラインにドラッグ。

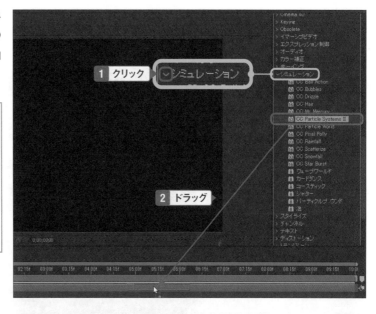

One Point

レイヤーは動画も使える

　ここではパーティクルの状態がわかりやすいように、黒い「平面レイヤー」を作成してエフェクトを追加しています。動画の作成では、レイヤーに動画を使うことで、特定の場所から粒子が飛び散っているようなイメージを作れます。

3 花火のようなアニメーションが設定される。

One Point

インジケーターを移動する

　パーティクルプレイグラウンドは、最初何も現れないところから、数秒内にドットが放出されます。0秒では何も表示されませんので、状態を確認するには、再生するか、インジケーターを数秒移動します。

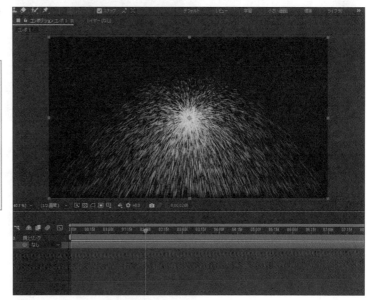

One Point

「CC Particle Systems II」の設定

「CC Particle Systems II」は、設定によってさまざまな表現ができるようになります。

Birth Rate	粒子の量	Physics	重力や反発などの設定
Longervity	粒子が表示される時間	Random Seed	ランダムの生成方法
Producer	放出される場所の位置		

キラキラ輝くアニメーションを作る

1 エフェクトコントロールパネルの「CC Particle Systems II」の「Particle」で「Particle Type」の「Star」を選択。

2 粒子が星のような模様に変わる。

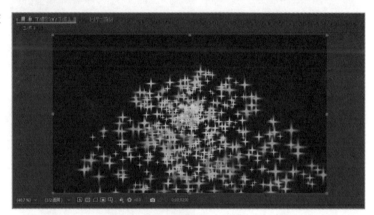

3 表示の設定を調整する。

> **One Point**
>
> ### パーティクルプレイグラウンドとの違い
>
> 「CC Particle System II」は、「パーティクルプレイグラウンドと似ていますが、粒子の放出状態が少し異なります。違いはわずかですが、見た目の効果はかなり印象が変わりますので、場面によって使い分けます。

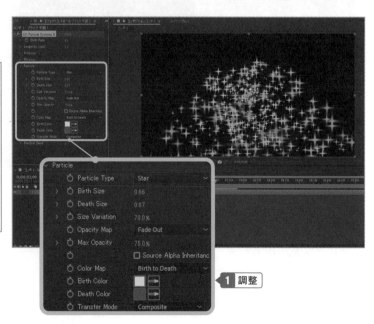

One Point

「Particle」の設定

「Particle」の設定では、粒子の発生状態を調整できます。

Particle Type	粒子の種類・形状		Max Opacity	不透明度の最大値
Birth Size	発生するときの大きさ		Color Map	色の変化
Death Size	消滅するときの大きさ		Birth Color	発生するときの色
Size Variation	大きさの種類（値が大きいほどいろいろな大きさの粒子が現れる）		Death Color	消滅するときの色
Opacity Map	不透明度の種類		Transfar Mode	色の変化

泡模様が現れるアニメーションを作る

1 エフェクトコントロールパネルの「CC Particle Systems II」の「Particle」で「Particle Type」の「Bubble」を選択。

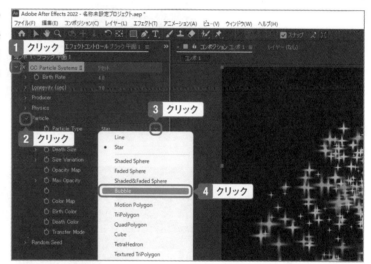

2 粒子が泡のような模様に変わる。

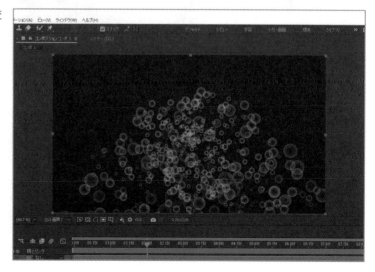

3 表示の設定を調整する。

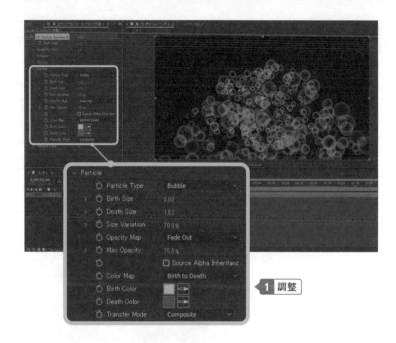

1 調整

炎が燃えるようなアニメーションを作る

1 エフェクトコントロール
パネルの「CC Particle
Systems II」の「Producer」
で「Position」を調整し、粒
子の発生場所を画面の下方
に移動する。

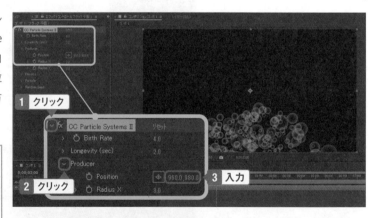

1 クリック
2 クリック
3 入力

One Point
フルHDの下辺
　フルHDサイズの画面であれ
ば、画面中央の下辺は「960.0」
「1080.0」になります。

2 「Particle」で「Birth Color」
を黄色系に、「Death Color」
を赤色系に設定する。

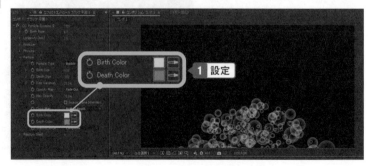

1 設定

212

3 「Particle」の「Particle Type」で「Faded Sphere」（色褪せた球体）を選択。

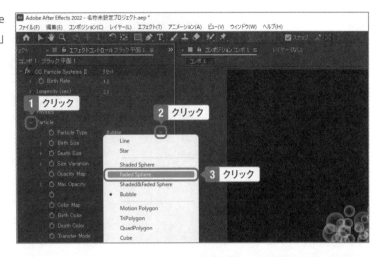

4 「Physics」の「Animation」で「Fire」を選択。

5 ぼやけた粒子が上昇するようなアニメーションになる。

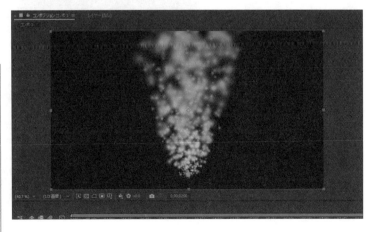

One Point

さまざまな効果を試す

「パーティクル」は、映像の演出で多用されるエフェクトの1つです。粒子の形状をはじめ、放出速度や位置、方向などを調整することで、さまざまな表現ができるようになります。設定の組み合わせによって新しい発見にもつながりますので、いろいろと試してみましょう。

6 「Physics」の値を調整する。

🖉 One Point

「Physics」の値の調整

「Physics」の値を調整すると、粒子の拡散の勢いは幅が変わります。ここでは「Velocity」（速度）、「Gravity」（重力）、「Resistance」（拡散を抑える力）を調整しています。

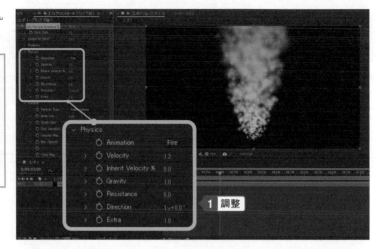

1 調整

7 「Particle」の「Birth Size」と「Death Size」を大きくする。

🖉 One Point

炎の状態を変える

「Physics」と「Particle」の値を調整することで、炎の状態に変化を付けられます。組み合わせは無限にあるので、いろいろと試しながら好みの値に調整しましょう。

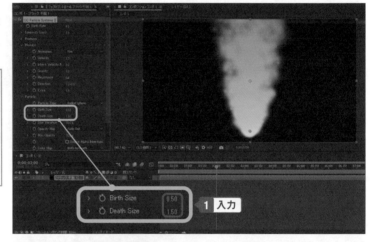

1 入力

8 再生して確認する。

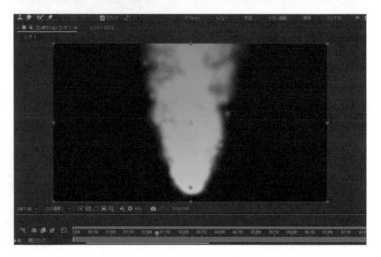

Chapter » 8

Section » **15**

背景の色を切り抜く

特定の色を切り抜く

「キーイング」を使って、映像の中から特定の部分を分離して透明にします。特に背景を切り抜いて別の映像を合成するといった編集によく使われ、中でも色の成分で分離する技術を「クロマキー」と呼びます。

Before	After

特定の色を分離し映像を合成する

 ワークスペースの「エフェクト」を選択。

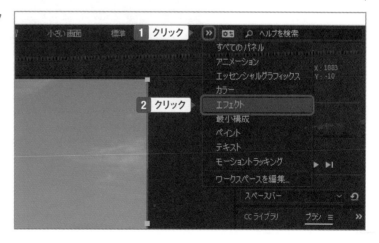

2 エフェクト＆プリセットパネルの「キーイング」で「リニアカラーキー」をタイムラインにドラッグ。

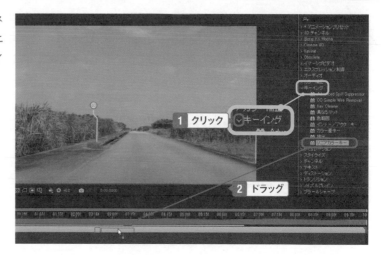

3 エフェクトコントロールパネルを表示し、「キーカラー」のスポイトアイコンをクリック。

4 プレビューパネルで切り抜く色をクリック。

5 クリックした色が切り抜かれる。

One Point

マッチングの調整

「マッチングの許容度」はキーカラーで選択した色の「幅」を調整します。値を大きくするほどより近い色を幅広く適用します。「マッチングの柔軟度」は、境界の「ぼかし」を調整します。値が大きいほどぼかしが大きくなります。

6 「マッチングの許容度」と「マッチングの柔軟度」を調整する。

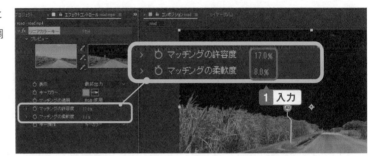

7 切り抜いた映像の下のレイヤーに別の映像を読み込むと、切り抜き部分には下のレイヤーの映像が表示される。

One Point

「クロマキー」と「キーイング」の違い

このような色によって切り抜く映像の合成を「クロマキー」と呼ぶことがあり、聞いたことがあるかもしれません。「クロマキー」は「キーイング」の一種で、「クロマ」（色）で「キーイング」することから「クロマキー」と呼びます。キーイングには色以外にもさまざまな方法があり、たとえば映像の中から輝度の成分を指定して切り抜くことを「ルミナンスキー」と呼びます。

Chapter 8 素材にさまざまな加工をしよう

217

Chapter » 8

Section » **16**

動画の音を分離する

After Effectsでは音声の分離ができない

動画の音声部分だけを分離してずらしたり、細かく編集したいときには、別に音声部分だけを保存してから再度コンポジションに読み込みます。元の動画ではボリュームを最低に下げることで消音します。

Before	After

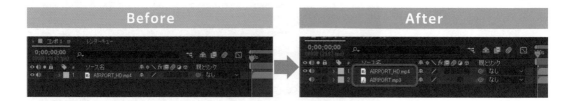

音声だけを保存する

1 映像と音声が含まれるデータをタイムラインに読み込み、編集する。

2 「ファイル」から「書き出し」の「Adobe Media Encoder キューに追加」を選択。

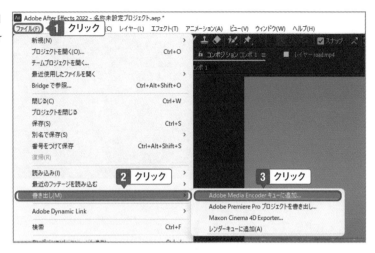

3 Adobe Media Encoder が起動する。

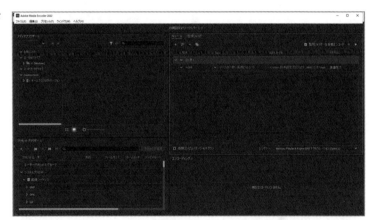

4 「形式」の「H264」をクリックし、「MP3」を選択。

One Point

MP3形式

「MP3」形式のファイルは、広く使われている音声ファイル形式の1つです。オーディオプレイヤーなどでも使われていて、汎用性が高く、音質を落とさずにファイルサイズを小さくできることが特徴です。

5 「出力ファイル」をクリック。

6 音声を保存するフォルダーを選択し、「ファイル名」を入力。その後「保存」をクリック。

One Point

ファイルの保存場所

　動画から作成する音声ファイルは、それを素材として利用するのであれば保存場所は「ミュージック」フォルダーよりも、元の動画や写真などを保存しているフォルダーに「サウンド」などのフォルダーを作成して保存する方がよいでしょう。あとからファイルの関連性が失われる可能性が少なく、ファイルを整理できます。

---

7 「エンコード」をクリック。

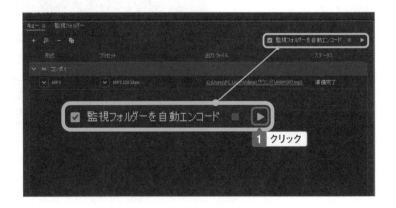

8 エンコードが行われる。

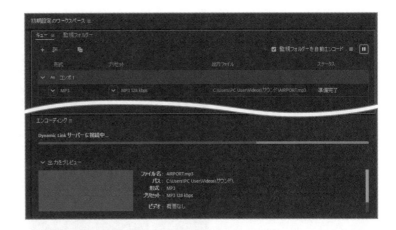

9 「ステータス」が「完了」になると保存が完了する。

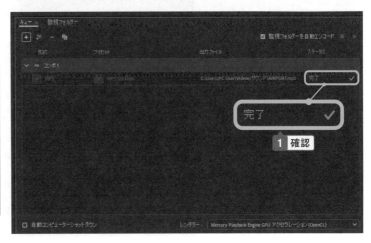

> **⚙ One Point**
>
> **Premiere Proを使う**
>
> タイムラインに映像と音声が分かれて表示されるPremiere Proでは、音声の分離はとても簡単です。Premiere Proも使える場合、After Effectsではそのまま編集し、あとでPremiere Proで分離する方法も考えられます。

音声を読み込む

1 保存した音声ファイルを表示し、プロジェクトパネルにドラッグ。

2 レイヤーパネルにドラッグ。

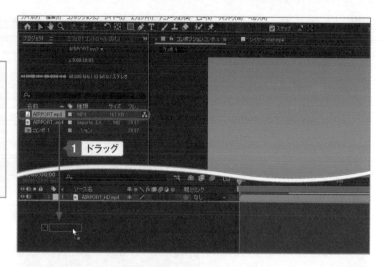

3 音声が読み込まれる。

元の映像の音声を消す

1 動画のレイヤーで「オーディオ」を展開する。

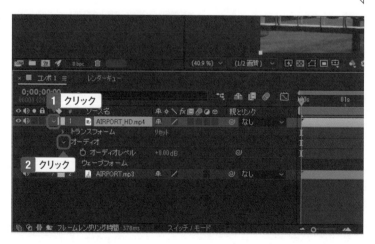

2 「ウェーブフォーム」を展開する。

3 「オーディオレベル」を「-192.00」dBに設定し、「ウェーブフォーム」の波形が消えることを確認する。

One Point

ウェーブフォーム

「ウェーブフォーム」は、動画の音声の波形を表示します。必ずしも表示しておく必要はありませんが、確認するために表示しています。

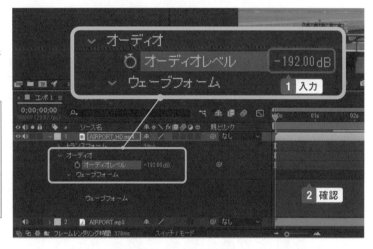

4 映像と音声が別のレイヤーになる。

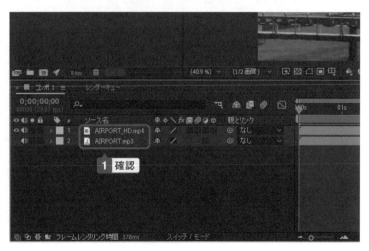

Chapter » 8

Section » 17

再生速度を変える

早送りやスローモーションを作る

動画の再生速度を変えると、早送りやスローモーションの演出ができます。単純に一定の割合で再生速度を変える方法と、再生速度をさまざまに変化させながら変更する方法があります。

Before

After

一定の割合で再生速度を変える

1 再生速度を変える動画を選択。

2 「レイヤー」から「時間」の「時間伸縮」を選択。

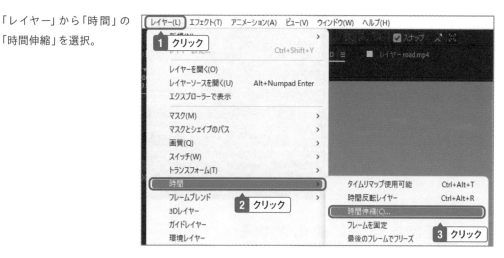

One Point

右クリックで選択する

レイヤーやタイムラインを右クリックして「時間」の「時間伸縮」を選択することもできます。

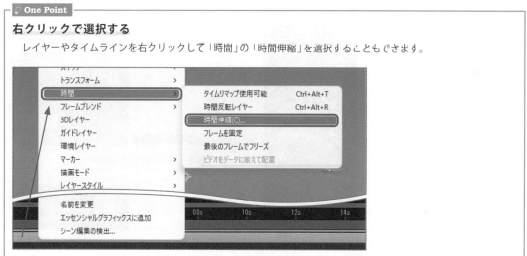

3 「伸縮比率」に数値を入力し、「OK」をクリック。

One Point

伸縮比率

伸縮比率には、元の動画の再生時間に対する比を入力します。「50%」であれば再生速度は2倍になり、「200%」であれば再生速度は半分になります。

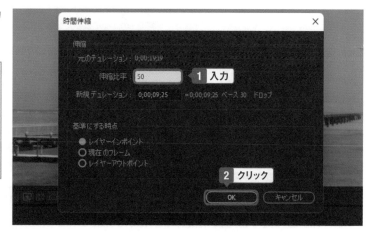

4 タイムラインの長さが変わり、再生速度が変更される。

再生速度を自由に変化させる

1 再生速度を変える動画を選択し、「レイヤー」から「時間」の「タイムリマップ使用可能」を選択。

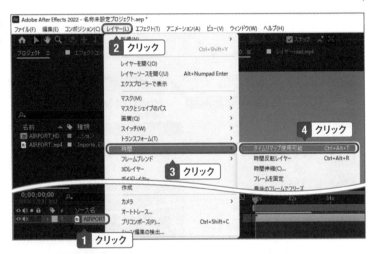

🔎 One Point

右クリックで選択する

レイヤーやタイムラインを右クリックして「時間」の「タイムリマップ」を選択することもできます。

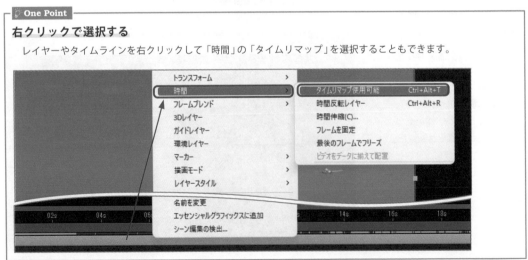

2 レイヤーに「タイムリマップ」
が追加される。

📝 **One Point**

タイムリマップ

「タイムリマップ」は、レイ
ヤーに対して再生速度を変化さ
せることができるようにします。
通常は再生時間を変化させるこ
とはあまりないため、はじめに
「タイムリマップ」を有効にする
必要があります。

3 「グラフエディターセットに
このプロパティを追加」をク
リックしてオンにする。

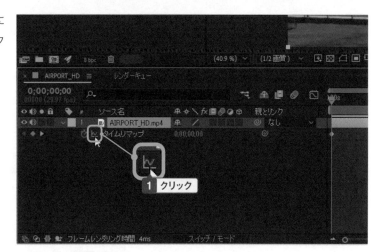

4 「グラフエディター」をクリッ
クしてオンにする。

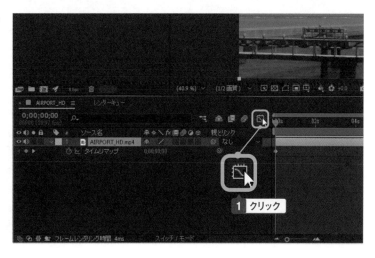

5 グラフエディターが表示される。

> One Point

グラフエディター

　グラフエディターでは、グラフを使って変化を編集します。ここでは再生速度（タイムリマップ）をグラフで表示し、グラフの線を変化させることで、再生速度も変化させます。

6 レイヤーをクリックし、「イージーイーズ」をクリック。

7 グラフが曲線に変わる。

8 黄色の線を移動すると曲線が変化する。

9 ペンツールを使って頂点を増やす。

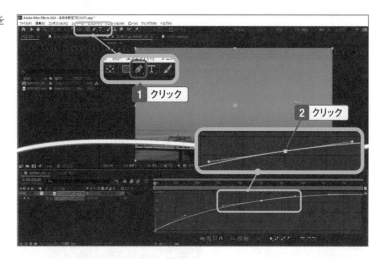

10 頂点にある黄色の線を移動して変化を付ける。

One Point

ペンツールで調整する

「ペンツール」は、図形や線の頂点などを移動したり、曲線の形状を変えたりするときに使います。基本的には表示されている黄色線の両端をドラッグして動かすと曲線が変化し、頂点をドラッグすると頂点が移動します。頂点を増やしたり減らしたりすることもできます。

Chapter » 8

Section » **18**

文字にアニメーションを設定する

タイトルやテロップに変化を付ける

文字に動きを加えることはAfter Effectsが得意とすることの1つです。タイトルやテロップに動きを加えると見る人の興味を引きます。ここではアニメーションプリセットを使わずに好みの設定をします。

After

まとまった文字が広がってタイトルを表示する

1 文字が入力されているテキストレイヤーを選択。

2 レイヤー設定を展開する。

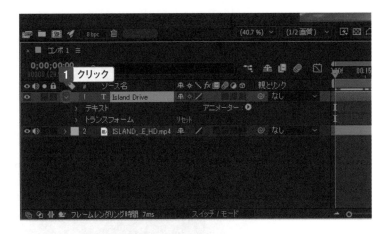

3 「アニメーター」をクリックして、「字送り」を選択。

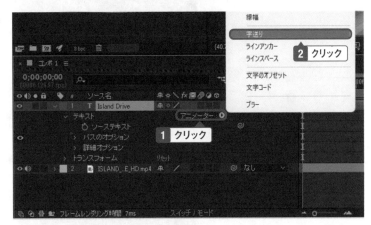

4 レイヤーに「アニメーター1」が追加される。続いてインジケーターを動画の最初に移動し、「トラッキングの種類」と「トラッキングの量」のストップウォッチをクリック。

One Point

トラッキングの種類と量

「トラッキングの種類」と「トラッキングの量」で文字の間隔を調整します。ストップウォッチをクリックするとキーフレームが打たれます。

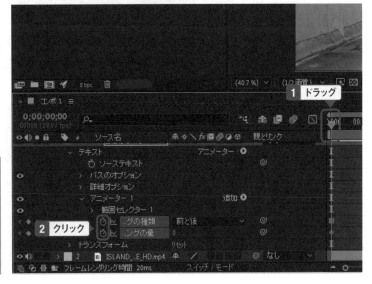

5 「トラッキングの量」の数値
を小さくする。

One Point

文字間を1カ所に集める

「トラッキングの量」を小さく
すると、文字間隔が詰まって文
字が集まった状態になります。
プレビューパネルを見ながら、
最適な数値を調整します。

6 タイトルが現れる位置にイ
ンジケーターを移動。

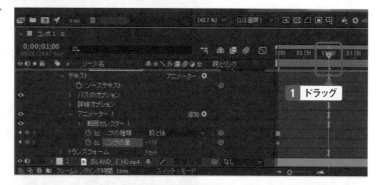

7 キーフレームを打つ。

8 「トラッキングの量」の値を
「0」に設定する。

トラッキングの量

「トラッキングの量」は、簡単に言えば文字の間隔で、「0」が何もしていない状態（元の状態）で、マイナスの値で小さくするほど文字間隔が詰まり、あるところでほぼ重なったような状態になります。逆にプラスの値で大きくするほど、文字間隔は広がります。

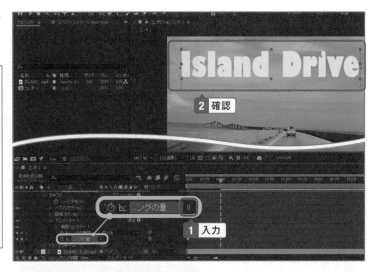

9 再生して確認する。

タイトルがぼやけた状態から少しずつ現れて表示される

1 文字が入力されているテキストレイヤーを選択。

2 レイヤー設定を展開する。

3 「アニメーター」をクリックし、「ブラー」を選択。

One Point

ブラー

「ブラー」は、映像をぼやけさせる効果です。単純にぼやけさせるだけではなく、たとえば動くものをぼやけさせることでスピード感を増す表現や、被写体がぼやけた状態からシャープに映るような「じわじわ現れる」効果を作ることができます。

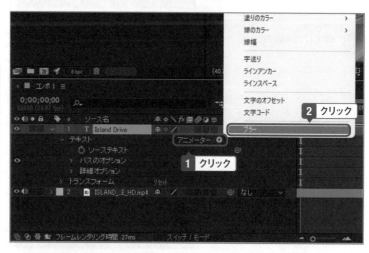

4 レイヤーに「アニメーター1」が追加される。続いてインジケーターを動画の最初に移動し、「ブラー」のストップウォッチをクリック。

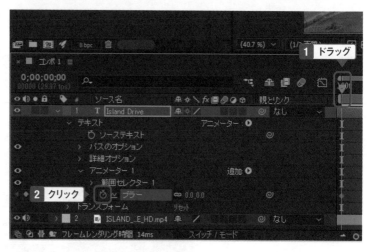

5 「ブラー」の値を大きくする。

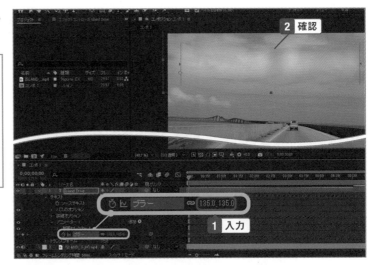

6 タイトルが現れる位置にインジケーターを移動し、キーフレームを打つ。

7 「ブラー」の値を小さくする。

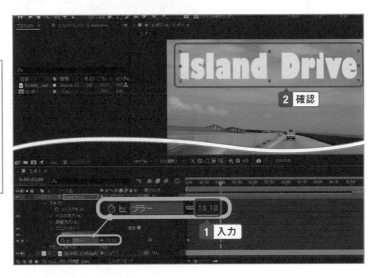

8 再生して確認する。

One Point

アニメーターを組み合わせる

アニメーターは複数を組み合わせて使うこともできます。たとえば「字送り」と「ブラー」を組み合わせると、ぼやけて集まっている雲のような状態からだんだんと広がって文字がはっきり見える、といったタイトルを作ることができます。

タイトルを1文字ずつ表示する

1 文字が入力されているテキストレイヤーを選択。

2 レイヤー設定を展開する。

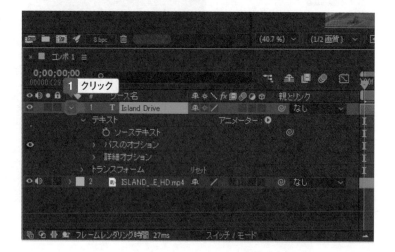

3 「アニメーター」をクリックし、「不透明度」を選択。

4 レイヤーに「アニメーター1」が追加される。その後インジケーターを動画の最初に移動。

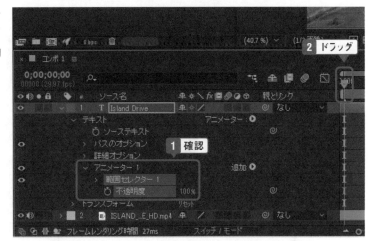

5 「不透明度」のストップウォッチをクリック。

6 「不透明度」の値を「0」に
設定。

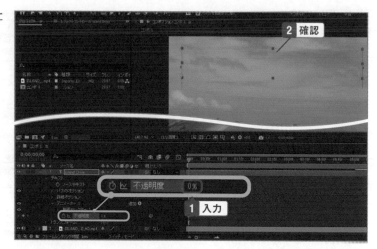

7 「範囲セレクター」を展開す
る。

8 「開始」のストップウォッチ
をクリックし、「開始」の値を
「0%」に設定。

9 タイトルが完全に表示される位置にインジケーターを移動し、キーフレームを打つ。その後「開始」の値を「100%」に設定。

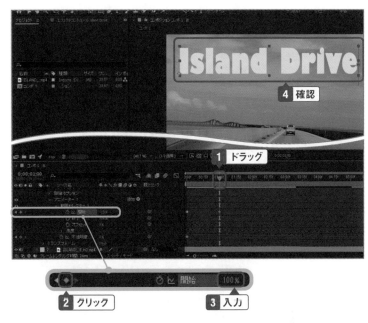

10 再生して確認する。

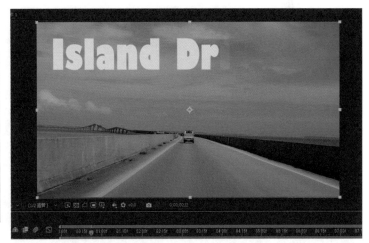

Chapter 8 素材にさまざまな加工をしよう

One Point

範囲セレクターで文字を順次表示する

テキストレイヤーでは、「範囲セレクター」を変化させることによって、範囲セレクターの値に応じた文字数が選択された状態になります。その結果、不透明度を設定した場合は文字を順次表示されます。

One Point

1文字ずつ映す

タイトルやテロップで「1文字ずつ映す」という演出はよく見かけますが、実際に動画編集アプリで作成すると意外と面倒で、Premiere Proでは1文字ずつマスクで隠しながらキーフレームでマスクの透明度を調整するといった編集が必要になります。After Effectsではレイヤー設定の不透明度に「範囲セレクター」というとても便利な機能があり、After Effectsでとても役立つ効果の1つです。

☕ Column　エフェクトの組み合わせを考える

　After Effectsではさまざまなエフェクトを利用できますが、多くの動画編集アプリも同様に、エフェクトを上手に使いこなすことで演出の幅が広がります。

　一方で、After Effectsのようにとても多くのエフェクトがあるからと言って、そのまま使うだけでは、演出の幅に限界があります。そこで重要なのは「エフェクトを組み合わせて考える」ことです。映像制作の場面では「コンテ」と呼ばれるような、「この映像がこのようになり、次にこのように映し出す」といった「シナリオ」を頭の中に描き、必要であれば紙に書き起こすことで、完成する映像を想像します。

　そのとき、シナリオになるさまざまな演出は、エフェクト1つだけで解決できるものは少なく、おそらく複数のエフェクトを組み合わせるとできるものが多いはずです。

　簡単な例では、「回転しながら消えていく」というように、複数の動きを組み合わせるときには、複数のエフェクトや設定を行います。これだけの小さな工夫ですが、単に「消えていく」だけよりも数倍楽しめる映像になるはずです。

　もっと複雑な演出を思いついたとき、「どのようなエフェクトを組み合わせればできるだろうか」と頭を悩ませることもあります。しかしそれを解決できたとき、達成感はとても大きく、またあなたの編集力が大きく前進したことにもなります。いろいろな動きやエフェクトを試しながら、組み合わせを考えて、見ている人が「どうやったのだろう」と思うような、そして誰でも簡単にはできないような、驚くような映像を創り上げてみてください。

△After Effectsは、レイヤーにいくつでもエフェクトを重ねられるので、複雑な組み合わせでも、その関係や映像の動きをイメージしやすい。「一点集中」の凝った編集に向いていることも特徴。

Chapter **9**

どのような動画を作るか
考えよう

最近、「バズる」ことを目的として動画を作る傾向が強く見られます。しかし動画が役立つ場面はそれだけではありません。企業広告や会社のPR、インタビュー、教育、操作や手順の解説……ただ「楽しむ」ためだけの目的ではないさまざまな場面で、動画を必要とする機会が増えています。

Chapter » 9

Section » 01

ビジネスシーンに役立つ動画の特徴

派手な演出よりも意図を伝える

最近のYouTubeなどで公開されている動画は一般的に、派手な演出で注目を集めるものが多い傾向です。しかしビジネスシーンなどでは派手な演出よりも中身をしっかり伝えることが重要です。

動画には2つのタイプがある

　最近の動画は、テレビCMに類するような広告を除き、大きく分けて2つのタイプがあります。1つはYouTubeに公開されているような、効果音やテロップをふんだんに使った演出で人目を引く、「おもしろい」「楽しい」動画です。そしてもう1つは企業イメージ動画やプロモーション、教育分野などに見られる「落ち着いてしっかり内容を伝える」動画です。

　もちろんどちらも目的のある動画なので、「どれが正しい」という正解はありません。しかし、YouTubeのように無数の動画が登録されている状況で、世界中の広いユーザーに自分の動画を見てもらうためには、普通の動画では目立ちません。「おもしろい」「楽しい」動画を作るためには、内容の企画はもちろんですが、再生回数を増やすために派手な演出が欠かせないものとなっています。一部では過剰な演出の傾向もあり、自分の動画を探してもらう施策ばかりに注力した結果、本来の目的から逸れてしまい、せっかくの良質な企画や内容がぼやけてしまうこともあります。

Microsoftのサポートでは、アプリの活用方法などが動画で解説されている。

　一方で、見てほしいユーザー層がある程度限られているのであれば、派手な演出は必要ありません。効果音やテロップは必要最低限にして、内容をしっかりと伝える動画に仕上げます。

　たとえば、同じ企業広告でも、とにかく見る人の印象に残るインパクトが必要なテレビやネット広告で使う動画と、自社や関連分野のWebサイトに掲載するような、「どのような企業でどのような実績があるのかを知ってもらう」ための広告動画では、作り方が大きく変わるはずです。

　数々のユーチューバーが展開する楽しい企画動画を見慣れてしまっていると、印象に残る動画には派手な演出が絶対に必要と思ってしまうかもしれません。しかし特にビジネスシーンにおいては、必ずしも派手な演出ではなく、落ち着いた動画を作る選択も必要になります。

たとえば同じような内容の動画でも、見てほしいユーザー層によってタイトルの作り方も変わる。

何をどこでどのように伝えるのか

　たとえば、教育のための動画を考えてみます。YouTubeには、学校で習う教科を楽しく学べる動画や、アプリの使い方がわからないときに便利なちょっとしたノウハウを紹介した動画が無数にあります。これらはYouTubeだからこそ、家でも手軽に、わからないことを理解できる優れたコンテンツです。

　しかし一方で、企業や組織でのスキルアップや研修などにこうした動画を使うとなれば、おそらく求める動画の傾向が変わるでしょう。学校の授業や企業研修では、リアルな授業や研修を再現するような、落ち着いた編集の動画が必要になるはずです。極端に言えば、講師が話す講義をただ正面から撮影した動画でも成立します。そこに効果音やテロップは必要最低限しか求められませんし、再生回数を増やす施策も必要ありません。

　つまり、先にも書いた通り、動画の編集に正解はなく、流行はあっても場面や対象によって選択が必要になります。どこに掲載するのか、どのような人を対象にしているのか、何を伝えたいのか、これらを考えて、場面に適した動画の雰囲気を考えましょう。

録り方も変える

　作る動画のイメージが変わるなら、動画の録り方も変わります。たとえば出演者が淡々と語る演出の動画なら、録画開始から終了までの1回の撮影（ワンテイク）に長い時間が必要になることもあります。一方で動きの多いアクティブなスポーツを記録する動画なら、短い時間の映像を数多く録り、つなぎ合わせてスピード感を出すこともあります。長い時間の撮影が必要なら、ビデオカメラを三脚で固定したり、ブレないような機材を使ったりすることも必要になるでしょう。動きが多い撮影なら、ピント合わせ性能の高いカメラや高倍率なズームレンズなどが必要になるでしょう。

ビデオカメラなら長時間の撮影や高倍率ズームを使った撮影もできる。
左：パナソニック　デジタル4Kビデオカメラ　HC-X2
右：パナソニック　デジタル4Kビデオカメラ　HC-VX2MS

　今は高性能なスマートフォンで撮影してもいろいろな動画を撮影できます。ただその先に、より本格的に撮影するようになったら、作りたい動画をイメージし、撮り方によって必要な機能を考え、適切な機材をしっかり選ぶようにしましょう。

Chapter » 9

Section » **02**

動画を撮影する機材を選ぶ

動画を撮影すると言えば、まずはスマートフォンでしょう。今はスマートフォンで手軽に
どこでも動画の撮影ができます。ただ動画撮影に興味を持つと、スマートフォンでは物足
りなくなってしまうかもしれません。

ビデオカメラを使う

　動画を撮影する機材として、必要なのは最低限「カメラ」です。言い換えれば、カメラだけ
あれば最低限、動画の撮影ができます。そのカメラは、最近ではスマートフォンにも高性能
なカメラが搭載され、あらためてビデオカメラを買う必要がないくらいです。

　ただ、スマートフォンのカメラでは物足りないところもあります。そんなときにはビデオ
カメラが欲しくなりますが、選択肢が多く、どれを選べばいいのかわからないかもしれませ
ん。

　ビデオカメラとして使える機材は、スマートフォンやビデオカメラに加えて、デジタル一
眼レフカメラなど、本来は写真を撮影するためのデジタルカメラでも多くの機種でビデオ撮
影ができます。そこで、この3種の主なメリットとデメリットを比較します。

	スマートフォン	ビデオカメラ	デジタルカメラ
長所	手軽 新たに買わなくてもよい 機動性がよい カメラアプリの種類が多い 加工アプリが使える	高画質の撮影ができる 長時間撮影ができる 多くの機種で高性能ズームが使える 電動ズームが使える	高画質の撮影ができる 写真と兼用で使える レンズの交換ができる （一眼カメラタイプ）
短所	画質に限界がある 望遠撮影や広角撮影に限界がある 「絞り」効果が使えない	性能が高いと高価 持ち歩きに不便 機種によっては重い	最大30分までしか撮影できない （※一部機種を除く） 性能が高いと高価 持ち歩きに不便 機種によっては重い

　スマートフォンは手軽ですが、限界もあります。ほとんどの機種は超望遠ズーム撮影ができません。また手ブレ補正も大きな揺れに対する効果は得られません。また、意外と知られていないのは、「絞り」が使えないことで、ビデオカメラやデジタルカメラでは絞りを調整することで背景のボケを変化させるといった印象的な撮影ができます。スマートフォンでもポートレートモードやシネマモードなど、背景をボカす機能がありますが、これらはデジタル合成したボケであり、レンズ本来の性能が生むボケの質感とは違います。

　もし、今後も継続的かつ本格的に動画の撮影をするのであれば、ビデオカメラかデジタルカメラを入手することをおすすめします。写真撮影にも興味があり、本格的な写真撮影もしたいのであればデジタルカメラがおすすめです。一方で動画に集中して本格的な撮影をしたいのであれば、動画撮影に役立つ機能が多数搭載されているビデオカメラがおすすめです。

環境に合わせた機材

　撮影には、カメラ以外にもあると便利な機材があります。撮影する場所や環境に合わせて、そろえておくとよりきれいな撮影が期待できる機材を紹介します。

外で人物を撮影する

　外で撮影するときは、被写体が太陽光（自然光とも言います）の影響を受けます。そこで太陽光を上手に利用できる「レフ版」があると、やわらかい反射光が人物に当たり、美しい印象になります。レフ版は銀色や白色の板または布で、光を反射させて被写体に当てます。「影の部分が真っ暗」ということも防げます。逆に、光が強すぎるところには、地面からの光の反射を遮る目的で黒い布を使うこともあります。

ネットショップなどでも、いろいろな種類が販売されている

室内で撮影する

室内での撮影は、被写体が人物でも物でも、光を上手に当てるときれいな映像を録れます。オンライン会議の普及とともに購入した「リングライト」も役立ちますし、もっと大きなLEDライトを使っても大きな効果を得られます。室内で撮影するときは、できるだけ被写体を明るくするようにライトを使います。

LEDリングライト　DE-L01BK（エレコム）

夜に撮影する

夜間の撮影は、何を録るかにもよりますが、一般的に三脚でカメラを固定する必要があります。夜はカメラのシャッター速度を遅くしてできるだけ多くの光を取り込みますので、夜景でも、人物でも、カメラを手で持って撮影するとブレてしまいます。そこで三脚を使って、ブレを防ぐようにします。

一眼レフデジカメ＆ビデオカメラ対応マルチスタンド　DG-CAM22（サンワサプライ）

さまざまな周辺機器

　これらの他にも、たとえば手持ち撮影でブレを防いだり被写体を自動追尾したりするような「スタビライザー」や、遠隔操作で撮影できるリモコンやセンサー類など、いろいろな周辺機器が発売されています。自分が撮影する動画の場面を想像して、「このような映像を録りたいなら、何が必要だろう」と考えてみましょう。今はインターネットを使って簡単に検索もできます。通販で海外の製品を購入することも容易です。想像力とアイディアで、自分なりの撮影環境を整えましょう。

スマートフォンでの撮影には、専用のスタビライザーを使うと品質が圧倒的に向上する。（DJI Osmo Mobile 6 ）

Chapter » 9

Section » 03

最適な撮影の設定を決める

カメラの設定と撮りたい画質をきちんと考える

動画を撮影するときにも、写真と同じように設定があり、設定によって出来上がりも変わります。本格的な撮影をするなら、設定を理解して、しっかり考えてから適切な設定を使って撮影しましょう。

フレームレートとシャッター速度

ビデオカメラやデジタルカメラで動画を撮影するとき、気を付けることの1つが「シャッター速度」です。写真の場合、シャッター速度は速いほど動いているものの瞬間を切り取れますが、動画の場合は速すぎるとかえって不自然な映像になってしまうことがあります。

またもう1つ、撮影する動画の「フレームレート」も気にしておきましょう。フレームレートとは、1秒間に撮影するコマ数で、一般的な動画では約30コマ（30fps）、高画質の撮影では60コマ（60fps）を使います。fpsという単位は、「1秒間あたりのフレーム（frame per second）」という意味です。映像は「パラパラ漫画」のように、静止画を高速で流します。このとき、1秒間に流す静止画の枚数がフレームレートになります。

人の目が静止画として認識できるのは1秒間に16コマまでと言われています。また24コマを超えると残像によりスムーズに見えるとされています。そのため実際に映画やアニメなどでは、24コマ以上のフレームレートが使われています。テレビ放送のフレームレートは30コマが基準になっています。つまり1秒間に30コマあれば、私たちは十分になめらかな映像を見ることができます。

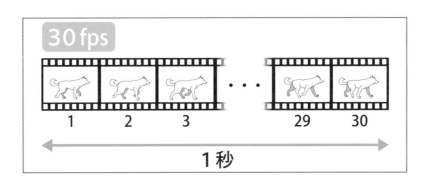

なお厳密にいえば、30fpsではなく29.97fps、60fpsではなく59.94fpsという細かい数値が使われています。詳細な理由は割愛しますが、映像の歴史の中でテレビ放送に使用されたインターレス方式という映像の表示方法の、映像と音声をうまく合わせる技術に由来しています。

フレームレートは撮影時のシャッター速度にも関係します。たとえば30fpsであれば、シャッター速度は1/30秒より速くする必要があります。暗い場所での写真では1/15秒や1/2秒といった遅いシャッター速度を使うこともありますが、動画ではそのような遅いシャッター速度が使えません。

であれば「速くすればいい」という問題でもなく、速すぎると不都合も出ます。高速で動く被写体をシャッター速度が1/1000秒で、1秒間に30コマ撮影した場合、間が飛んでしまうように見えます。また、蛍光灯やLEDディスプレイのように実際には高速で点滅をしている光の中では、シャッター速度が速いと暗い瞬間のコマが含まれてしまい、安定した光になりません。

一般的には30fpsの動画を撮影する場合、シャッター速度は1/30 ～ 1/60程度で撮影するとよい結果が得られます。もちろん光量が足りないと暗くなりますし、明るすぎれば白飛びした映像になります。レンズの性能や光量を考えながら、シャッター速度を調整し、可能であれば試し撮りをしながら、もっともきれいに撮れる設定を探してください。

フルHDや4Kとは

動画の画質を示す数値の1つに「解像度」があります。テレビやパソコンの画面でもしばしば使われる「フルHD」や「4K」「8K」といった言葉が解像度を示しています。

解像度はわかりやすく言えば、縦横のドット数（粒の数）で、ドット（粒）が細かいほどきれいに見えます。

再現する1つの粒をプリンターでは「ドット」と言いますが、画像や映像では「ピクセル」という言葉を使います。厳密には異なるものなのですが（ピクセルは色の粒の単位、ドットは光の粒の単位）、同じものと考えても構いません。

以下に解像度の例を挙げてみます。

フルHD	横1920ピクセル、縦1080ピクセル
4K	横3840ピクセル、縦2160ピクセル
8K	横7680ピクセル、縦4320ピクセル
その他	FLV 3GPP WEBM DNxHR ProRes CineForm

　このように、フルHDに対して4Kは縦横2倍で面積が4倍、8Kは4Kに対して縦横2倍で面積が4倍となります。4や8は横幅のピクセル数のおおまかな1000単位の数値に由来していて、4Kは約4000、8Kは約8000という意味です。横幅が1920ピクセルのフルHDを2Kと呼んでいる時代もありました。

　では、普段YouTubeやWebサイトで公開する動画は、どの程度の解像度が適切なのでしょうか。答えは「現状フルHDで十分」です。

　YouTubeでは、4K映像にも対応していますが、現状普及しているテレビ放送はまだフルHDが圧倒的な主流ですし、4K映像は映像にこだわる世界で使われている程度です。もちろん8Kについてはまだ試験的に始まったばかりで、普及までかなりの時間がかかります。

　また、4Kや8Kの映像は、データのサイズがフルHDに比べてかなり大きくなります。インターネット上で動画を再生するときに流れる通信量を考えても、4Kや8Kが必要な場面はごく限られます。また、データサイズが大きいので、編集するときもディスク容量を消費しますし、パソコンにも高い性能が求められます。

　特に4K映像で何か高度な作品を制作したい、というような理由がない限りは、フルHDの撮影で十分です。「きれいな方がいい」と考えるのは当然ですが、用途に適したサイズや性能を選ぶことも、効率よく動画を制作するポイントです。

Chapter » 9

Section » **04**

動画の保存形式を選ぶ

YouTubeなら「MP4」か「MOV」

動画にも、静止画と同じようにいくつかのファイル形式があり、目的や用途によって使い分けられています。ファイル形式によって対応する解像度やアプリが変わりますので、保存するときに適切なものを選びます。

汎用性の高いファイル形式

現在広く使われている動画ファイルにはいくつかのファイル形式があります。以下に挙げるように、それぞれに特徴があります、

MPEG4（エムペグフォー）/MP4（エムピーフォー）：拡張子 .mp4

画質を落とさず高い圧縮率で保存できるファイル形式。字幕など動画に付随するデータも保存できる。ファイルサイズを小さくできることからインターネット動画などに向く。

MPEG2-PS（エムペグツー・ピーエス）：拡張子 .mpg .mpeg

主にDVDで使われているファイル形式。MP4が普及する前はインターネット動画などでも利用されていたが、MP4に比べると圧縮率が低いので、容量にある程度の余裕があるメディアに使われる。

MPEG2-TS（エムペグツー・ティーエス）：拡張子 .ts .m2ts

MPEG2-PSを発展させたファイル形式。MPEG2-PSにデータのやり取りをするときのエラーを防ぐ仕組みが追加されていて、地上波放送やBlu-rayに使われている。

MOV（モブまたはエムオーブイ）：拡張子 .mov .qt

Apple製品で主に利用されているファイル形式。Macをはじめα iPhoneやiPadでも撮影した動画の標準的なファイル形式として使われている。

HEVC（エイチイーブイシー）：拡張子 .mov

最近のApple製品（iPhoneやiPad）で使われているファイル形式。MOVよりも圧縮率が高く、ファイルサイズを小さくできる。拡張子はMOVと同じで、MOVの後継となるファイル形式。

WNV（ダブリューエヌブイ）：拡張子 .mnv

Microsoft製品で標準的に利用されているファイル形式。WMVは「Windows Media Video」の頭文字で、同アプリに適したファイル形式でもあり、著作権保護情報を埋め込んでコピーを防止できることが特徴。

これらの他にも歴史上さまざまな動画ファイル形式がありましたが、現在多くの撮影機材や配布メディアでは、ここで挙げた動画ファイル形式が使われています。対応するファイル形式は機材によっても異なりますが、これらはいずれも汎用性が高く、多くの機材で対応しています。

YouTubeをはじめとするインターネットでの利用については、MPEG4やMOVが多く使われていますので、After Effectsで編集した動画は、このいずれかで保存するとよいでしょう。

なお、YouTubeはとても多くの動画ファイル形式に対応しています（以下の表参照）。汎用性の高いファイル形式に加えて、稀に使われるファイル形式や、古いタイプの動画ファイル形式にも対応しています。

MPEG系	MPEG1 MPEG2 MPEG4 MP4 MPEG2-PS
Apple系	MOV HEVC（H264）
Windows系	AVI WMV
その他	FLV 3GPP WEBM DNxHR ProRes CineForm

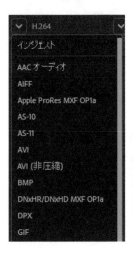

◁After Effectsの書き出しではさまざまな動画形式を選択できる。

Chapter » 9

Section » **05**

室内撮影のライトと蛍光灯

室内ライトと蛍光灯のちらつきを解消する

動画を室内で撮影する場合、いくつかのポイントをおさえることで、映像のクオリティが
大きく変わります。ビデオカメラで撮影する場合、カメラの自動設定は使わずひと手間を
加えます。

ライトを使う

　室内での撮影で欠かせないのが「ライト」です。見た目には特に暗い部屋ではなくても、映
像では暗く見えたり、影が暗い印象を与えたりします。そこで被写体にライトを当てること
で、大きく見栄えは変わります。

　写真では一瞬だけ強い光を発するフラッシュライトを使いますが、映像ではSection9-02
で紹介しているようなLEDライトをはじめとする常灯光を使用します。以前はLEDの光は弱
く、撮影ではそれほどの効果がなかったのですが、最近はLEDの性能が上がったことにより、
強い光を当てることができます。そのため、以前利用していたHMIライトと呼ばれる高価な
光源などを使う必要もなく、手軽にライトを当てて映像を引き立たせることができるように
なりました。

　また、室内灯が白色
系であれば、室内灯も
併用できますが、電球
のような暖色系のライ
トの場合は、室内灯は
消した方が自然な色に
なります。その分、用意
するライト装置は多く
なりますが、色も意識
してライトの調整をし
てみてください。

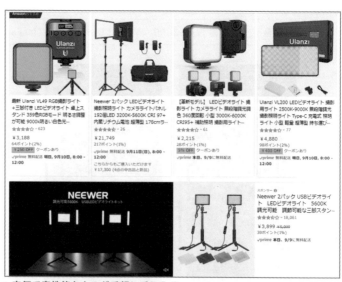

安価で高性能なものが手軽に手に入る。

蛍光灯のちらつき

　室内で撮影するときに、室内灯で使われている蛍光灯を光源として利用することは多くあります。もちろん前述のLEDライトなどを使って光量を足しますが、蛍光灯を使っている場合には注意点があります。

　それは、蛍光灯は高速で点滅しているということ。

　室内で撮影した動画がなんとなくちらついているという経験があるかもしれません。それは蛍光灯のちらつきと、ビデオカメラのシャッター速度が合っていないために起こります。

　Section9-03でも触れましたが、蛍光灯を使っている場合は、シャッター速度を調整することでちらつきを軽減できます。

　蛍光灯は日本の場合、東日本は50Hz、西日本は60Hzで点滅しています。つまり1秒間に50回または60回の点滅を繰り返しているので、この点滅を吸収するか、点滅に同期できるシャッター速度を設定します。

　結論を言えば、被写体のブレなども考慮すると、蛍光灯下での撮影では、東日本で1/100秒、西日本で1/120秒に設定するとよい結果が得られます。ビデオカメラの設定をオートにせず、シャッター速度を指定して、他の値（絞り、感度）を調整します。シャッター速度を指定して他を自動設定する「シャッター速度優先」モードでも構いません。「シャッター速度優先モード」は多くのビデオカメラに搭載されています。

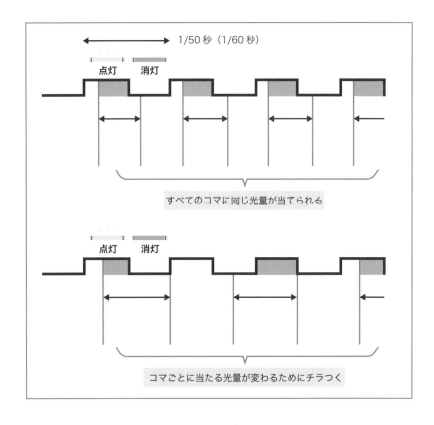

エフェクトでちらつきを解消する

　ちょうど1/100秒や1/120秒の設定ができなかったり、スマートフォンなどシャッター速度を指定できないカメラで撮影した場合でも、After Effectsのエフェクトを使ってある程度のちらつきを解消できます。

　エフェクトの「エコー」を使って、1コマの映像の直後に同じ映像をごく短時間重ねることで、ちらつきを解消します。エコーを使うと、被写体のブレのような表現を生みますが、ちらつき防止の設定ではほんのわずかなエコーを追加するだけなので、実際に再生しても被写体のブレは感じません。

エフェクトの「エコー」で、図のように設定する。軽減されない場合は各数値を、自然に見える範囲で調整する。

Chapter ≫ 9

Section ≫ **06**

外付けマイクを使う

目的に合ったマイクの選択とノイズの処理

音をきれいに録ることも、動画のクオリティを上げる大切な要素の1つです。特に口述や音楽など、音が動画の大きな要素となる場面では、音質を気にしながら撮影しましょう。

マイクの選び方

　音をきれいに録りたいときに思い付くのがマイクです。もちろんスマートフォンなどの録画できる機材の中にもマイクは内蔵されていますが、別のマイクを付けることで、よりきれいに音を録ることが期待できます。

　外付けのマイクには、構造が違ういくつもの種類がありますが、代表的なものが以下の2種類です。

・ダイナミックマイク
・コンデンサーマイク

　それぞれ、どのような場面で何を録るかによって使い分けます。

　ダイナミックマイクは、ボーカルマイクなどとも呼ばれ、比較的シンプルな構造で扱いやすく、安価で購入できることが特徴です。いわゆるカラオケボックスに置いてあるマイクがダイナミックマイクで、手軽に人の声を録音するときに適しています。スピーチや歌声、環境音の録音など広い分野で使えます。

　コンデンサーマイクは内部にコンデンサーを搭載し、精度の高い録音ができます。指向性が高く、クリアな音を録ることができます。楽器の演奏や、CD制作、ラジオスタジオなどで多く利用されます。一方で構造的に衝撃に弱いことや、周囲の小さなノイズも拾ってしまうといった側面もあります。レコーディングスタジオなどで呼吸のノイズを軽減するために、コンデンサーマイクの前にカバーを付けているのを見たことがあるかもしれません。また、ダイナミックマイクに比べて高価で、安価な製品でも1万円以上します。本格的な録音スタジオでは、数十万円のコンデンサーマイクが使われています。また、マイクに電源の供給が

Chapter **9** どのような動画を作るか考えよう

257

必要なため、アナログミキサーなどを使う必要があります。

　配信番組のような、声を重視する動画の場合、コンデンサーマイクを使うと効果的です。一方でカメラ内蔵のマイクよりもきれいな音を録音することが目的なケースが多い、一般的な動画作成においては、汎用性の高いダイナミックマイクが便利です。

© Shure Japan

ダイナミックマイク　ダイナミックマイクは汎用性が高く、さまざまな場面で利用されているボーカルマイクロホン　SM58（SHURE）

コンデンサーマイク　コンデンサーマイクはスタジオや自宅などで高音質な録音をするときに適している。USB接続が可能な機種もある。カーディオイドコンデンサー USBマイクロホン AT2020USB-X（オーディオテクニカ）

ホワイトノイズを軽減する

　外付けのマイクを使えば、人の声や周囲の音、たとえば動物の鳴き声、電車の走る音などをよりはっきりと録ることができます。しかしそれは同時に、周囲の雑音もより大きく録音してしまいます。雑音はノイズとなり、耳障りなものになります。

　特に「ホワイトノイズ」と呼ばれるノイズは、どれだけ静かな場所で撮影しても避けられません。動画の背後でかすかに聞こえる「ジー」という音です。光の白がさまざまな色の光をまんべんなく混ぜた色であることから、どのような環境でもまんべんなく含まれるノイズを「ホワイトノイズ」と呼ぶようになったと言われています。

　ホワイトノイズは小さく撮影時には聞こえていなくても、マイクで拡大されることで、動画を編集すると気になるものです。

　After Effects では「オーディオエフェクト」の「ハイパス／ローパス」を使うことで、ある程度のノイズ除去ができます。「ハイパス」（高周波数）と「ローパス」（低周波数）の「カットオフ周波数」を調整して、できるだけノイズが小さくなるようにします。ただしこの方法は、ノイズに近い周波数の音も消してしまうので、動画によっては若干音声のイメージが変わるかもしれません。したがって、撮影時にできるだけホワイトノイズを目立たせないように調整しておきましょう。

　カメラやマイクに「db値」という音声のレベルメーターがあります。この値が、もっとも大きな音が出るときに「-3db」程度にすると適切な音声を録音できます。

　またもし Premiere Pro を併用できるのであれば、Premiere Pro にある「クロマノイズ除去」を使うと、簡単で効果的にホワイトノイズの除去ができます。

After Effects だけでノイズを軽減するなら「ハイパス／ローパス」エフェクトで調整する。

Chapter » 9

Section » 07

プレゼンテーションを動画にする

PowerPointのスライドから動画を作る

ビジネスシーンでは、オンラインの普及でPowerPointなどを使ったプレゼンテーションのために動画を作成する機会が増えてきました。PowerPointから動画を作成、編集する方法を紹介します。

PowerPoint にも動画作成機能がある

　PowerPointで作成したプレゼンテーションを、動画にして配信、配布するといった方法は、オンラインミーティングやオンライン教育などが広まるとともにニーズも増えてきています。

　PowerPointから動画を作る方法は、主に2つの方法があります。

　1つめは、PowerPointの動画作成機能を使うこと。PowerPointには、実際のプレゼンの操作をしながら録画する機能があり、スライドに合わせてスピーチしながらスライドをめくっていくだけで、動画として保存できます。

　操作はとても簡単ですが、「操作したようにしか録画できない」という欠点もあります。もちろん、会社内で配布する資料に使うなど、これで十分役目を果たすなら、手軽で簡単なので利用価値もあるでしょう。しかし、もし、その動画によって相手により強く伝えたいのであれば、やはり細かく手を加えて作成したいと考えます。

　そこで考えられるのが、2つめの方法、PowerPointのスライドを画像として保存し、After Effects などで編集することです。この方法であれば、さまざまなエフェクトも使えますし、音声を別に録音したり、スピーチする人の映像を録画するなどして、さまざまな表現ができるようになります。またスライドをめくるタイミングも微調整ができますし、スライド上に図を追加したり、動きを加えることもできるので、表現の幅ははるかに広がります。

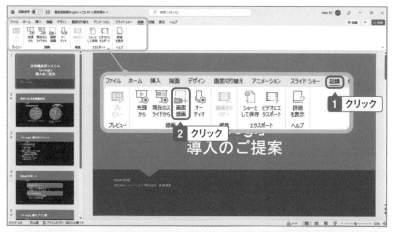

PowerPointの「記録」タブにプレゼンテーションを録画する機能がある。

保存するスライドのサイズ

　PowerPointのスライドを画像として保存するときに、動画として使う場合は1つ注意点があります。それは、そのまま保存すると小さくなってしまうことです。

　PowerPointでは、「エクスポート」を使ってスライドをPNGファイルなどの画像ファイルに保存できますが、通常の16:9で作成したスライドを画像に保存すると、1280×720ピクセルのサイズになります。一方で、一般的なHD動画は1920×1080ピクセルなので、そのままではAfter Effects に読み込んだあとで「トランスフォーム」を使って拡大する必要があります。しかし拡大すると文字がギザギザになったり、図がぼやけたりするので、最初から動画のサイズに保存できるようなスライドを作る必要があります。

Chapter 9 どのような動画を作るか考えよう

　また、今でも多く使われている4:3のスライドはスクリーン投影などに向いていますが、動画では一般的に16:9が使われていますので、スライドで動画を作成するなら、16:9で作成するようにしましょう。

　1920×1080ピクセルに合わせたスライドは、PowerPointの「デザイン」タブで「スライドのサイズ」から設定します。「ユーザー設定のスライドサイズ」を選択し、幅と高さを以下のサイズに設定すれば、エクスポートで画像保存したときに、1920×1080になります。

幅：50.8cm
高さ：28.58cm

　上記のサイズに設定して「OK」をクリックし、「最大化」を選択します。縦横比が変わるため、段落や図の位置がずれることもありますので、スライドを1枚ずつ確認しながら調整してください。

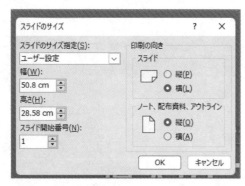

PowerPointの「デザイン」タブの「スライドのサイズ」で「ユーザー設定のスライドサイズ」を選択すると「スライドのサイズ」画面が表示される。ここで「幅」と「高さ」を設定する。

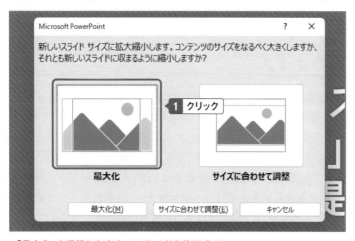

「最大化」を選択したあと、スライドを修正する。

Chapter » 9

Section » **08**

動画を見るときのデータの取得

動画を作成して配信する方法には「ストリーミング型」と「ダウンロード型」があります。
YouTubeのようなストリーミング型が広く使われていますが、目的によってはダウンロード型を使うこともあります。

ストリーミングとダウンロードの違い

今、動画を見る場所といえば、YouTubeやTikTokなどのインターネットサービスが挙げられます。これらの特徴は、ストリーミング型の配信で、いわばインターネットに接続した状態で常時動画データが流れてくるようなイメージです。

ストリーミング型の動画配信では、原則として保存ができません。そのため、さまざまな権利を守ったり、不正なコピーを防ぐことができます。そのため、SNSをはじめとするインターネット上で公開する動画には適した方法と言えるでしょう。

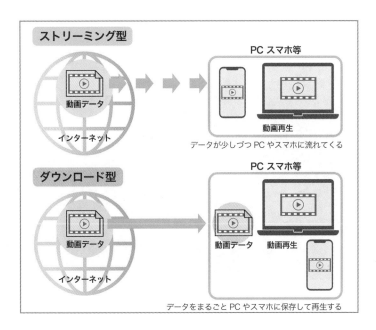

ストリーミング型

動画データ
インターネット

PC スマホ等
動画再生

データが少しづつPCやスマホに流れてくる

ダウンロード型

動画データ
インターネット

PC スマホ等
動画データ　動画再生

データをまるごとPCやスマホに保存して再生する

Chapter 9 どのような動画を作るか考えよう

263

一方でダウンロード型では、動画を一度パソコンなどに保存し、再生します。つまりファイルとして保存するので、コピーができてしまいます。ただ利点もあり、インターネットにつながっていない環境でも再生できますし、正当な理由であればコピーして大量に配布することもできます。たとえば教育で使う動画でDVDを作成し、配布するといった使い方が考えられます。

動画配信の方法を選択

自分が作成した動画をどのように配信するかは、用途によって変わるでしょう。YouTubeを使って全世界に向けて公開するのか、あるいは限定メンバーに公開するのか。または企業内などの利用でファイルとして提供するのか。自社のWebサイトで流すのか。動画の用途はさまざまです。その用途に合わせて、ストリーミング型なのか、ダウンロード型なのかを決めて、次にどのような方法で配信、配布するかを考えます。

YouTubeをはじめとする動画配信を簡単に利用できるサービスであれば、すぐにでも始められますが、たとえば自社のWebサイトで使いたいのであれば、YouTubeにアップロードしてWebサイトに埋め込むのか、あるいは自社のサーバー内から提供するのかによって、手間もコストも変わるでしょう。自社のサーバーに動画を保存してリンクするだけでは、ダウンロード型になってしまうため、ストリーミング型にするにはWebサイトのデータにストリーミング型で再生するような仕組みを作る必要があります。

最近ではストリーミング型が主流で、ダウンロード型はほとんど見かけません。また、企業や組織で配布する場合でも、インターネット上に保存し、ダウンロードまたはストリーミングの両方で利用できるようになっていることが多く、ファイルとして保存した動画を配る、という方法は少なくなる傾向です。

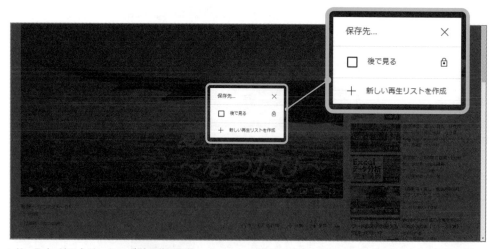

YouTubeはストリーミング型の動画配信。メニューの「保存」はブックマーク（お気に入り）のような機能でデータをダウンロードする機能ではない。なおPremiumサービスでは一時的にパソコンなどにダウンロード保存してインターネットに接続できない場所でも再生することもできるが、コピーすることはできない。

Chapter » 9

Section » 09

公開するSNSの選択

YouTube以外の動画公開手段

動画を公開、配信する場所はYouTubeだけとは限りません。動画の目的や対象となる世代、あるいは使用する端末によって使い分けると、より多くの人に見られる機会が増えるでしょう。

Instagram や TikTok も視野に

YouTubeは広く利用されている動画の配信サービスですが、目的によっては別のサービスを利用することも考えます。実際に、商品を販売するときにはマーケティング調査の上で、販売ターゲットを想定するように、動画も見てもらう人の属性を考えて場所を選ぶことも大切です。

たとえば若年層をターゲットとするならTikTokも有効でしょう。また若年層でもさらにファッションや旅行といった専門的な分野であればInstagramも考えられます。これらはスマートフォンでの利用が多いため、あえてスマートフォンサイズの縦長動画を作成することも考えられます。また、社会人や学生に向けた教育動画でも、最近はスマートフォンを使う機会が多いのですが、ホワイトボードやプレゼンテーション画面を使うのであれば、スマートフォンを横向きにしたサイズの動画（つまり通常の動画と同じ）で作成する方が見やすくなります。

このように、動画を見てもらいたい相手の行動に合わせたサービスやサイズを考えてみましょう。

After Effects でも、コンポジションで縦長の動画に設定する場合は、縦と横の数値を入れ替える。フルHDであれば、通常の1920×1080を1080×1920にする。

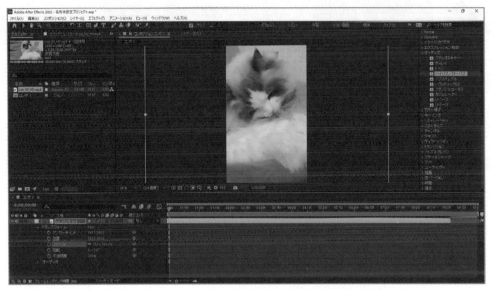

撮影した動画を回転したり拡大して枠内に収めることで縦向きの動画ができる。

撮影もスマートフォンで

　TikTokやInstagramなど、スマートフォンを前提としたサービスで配信する動画であれば、撮影もスマートフォンを使った方が扱いやすいこともあります。最近のスマートフォンは動画撮影でも高い性能を持っています。もちろん本格的な機材に比べれば解像度や細部の色表現など制約はありますが、少なくともTikTokやInstagramで再生する動画であれば、気にならない程度です。

　スマートフォンで撮影した動画も、スマートフォンアプリの編集ではなく、After Effectsのような動画編集アプリで作成すると、より凝ったものにできます。スマートフォンで撮影した場合でも、インターネット上のストレージサービス（Dropbox、OneDrive、iCloudなど）を使えば、パソコンで読み込むことができます。

iPhoneで撮影した動画はiCloudの設定をオンにすると、インターネット上に動画ファイルが保存される。

WindowsパソコンにWindows用のiCloudアプリをインストールすると、iCloudに保存した動画ファイル
を開けるようになる。

Chapter » 9

Section » 10

対象が見やすい画角のバランス

被写体の配置を考える

見ていてバランスがよいと感じる動画は、画角も考えて撮影されています。特に「1／3の法則」を意識しながら撮影すると、違和感なく自然な動画にすることができます。

格子を考えバランスをとる

写真や動画の撮影において、バランスがよくなるとされる法則があります。それが「1／3の法則」で、画面の縦と横を3分割して、その線を意識しながら被写体を配置するとバランスがよくなるというものです。

たとえば人物のアップであれば、中央の下から1／3の位置が顎になるようにします。また自然の景色であれば、下から1／3に地平線や水平線が来るようにします。あるいは立っている人物や森林などを右の1／3に配置したり、離れた人の顔を右上1／3の交点に配置するというようにします。

 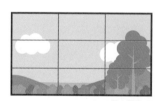 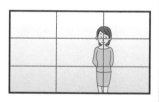

このように、画面の縦横を3分割、つまり画面を9分割した領域を意識しながら、被写体を配置していきます。その結果、人間の感覚で落ち着いた印象になるとされています。

スマートフォンのカメラやビデオカメラの多くにはファインダー（撮影画面）に9分割の格子を表示できる機能があります。この機能は1／3の法則の裏付けでもあり、バランスのよい写真や動画を撮影する重要なポイントなので活用しましょう。

Chapter **10**

YouTubeで公開しよう

動画を公開する方法はさまざまありますが、もっとも手軽で多くの人が見る場所といえば「YouTube」です。YouTubeのユーザーに見てもらうことはもちろん、Webサイトへの埋め込みなどにも利用できるので、まずはYouTubeに公開しておけば、動画の活用もいろいろな場面に広がります。

Chapter » 10

Section » 01

YouTubeにGoogleアカウントを使う

専用のアカウントを作る

YouTubeに動画を投稿するにはアカウントが必要で、GoogleアカウントをYouTubeに登録することでYouTubeの投稿ができるようになります。すでにGoogleアカウントを持っていれば、そのアカウントを利用できます。

YouTube に Google アカウントでログインする

1 ブラウザーアプリでYouTubeのWebサイトを表示し、「ログイン」をクリック。

One Point
YouTubeのWebサイト

YouTubeのWebサイトは、https://www.youtube.com です。

One Point
ブラウザーアプリ

アカウントの登録はパソコンでもスマートフォンでもできますが、今後行う動画の投稿などを考えるとパソコンでの操作に慣れておいた方がよいでしょう。パソコンの場合、Microsoft EdgeやGoogle Chromeなどのブラウザーアプリを使います。

2 Googleのログイン画面が表示されるので、あらかじめ作成したGoogleアカウント（またはGmailアドレス）を入力する。その後「次へ」をクリック。

270

⚙ One Point

Googleアカウントを作成する

Googleアカウントを持っていない場合、最初に作成します。「アカウントを作成」をクリックして、「自分用」をクリックすると、Googleアカウントの作成画面に進みます。

3	Googleアカウントのパスワードを入力し、「次へ」をクリック。

4	YouTubeにログインした画面が表示される。通知に関するメッセージが表示される場合は「許可」または「ブロック」をクリック。

チャンネルの名前を変える

1 アカウントのアイコンをクリックし、「チャンネルを作成」をクリック。

2 チャンネルの「名前」を変更し、「チャンネルを作成」をクリック。

3 チャンネルが作成される。

One Point

個人用チャンネルと使い分ける

　GoogleアカウントでYouTubeにログインすると、最初に自分専用のチャンネルを作成できます。チャンネルは動画を投稿する自分専用の場所で、いわば自分が持つ自分だけの放送局です。著名なユーチューバーや芸能人などが「〇〇チャンネル」といった名前で発信していますが、これがチャンネルで、自分の好きな名前を付けることができます。

　最初に作成したチャンネルをそのまま使ってもよいのですが、ここではもう1つ、別のチャンネルを作る方法で進めます。

　投稿する目的は人により、趣味の動画投稿や特定のビジネス、あるいはテーマを持つ本格的な動画配信などさまざまです。もし最初から目的が1つだけであれば、チャンネルを1つ、その目的専用に作ればよいのですが、いろいろとやってみたくなることも多いのが実情です。

　そこで、最初に作成したチャンネルは個人用のチャンネルとして使い、特定のテーマや目的のために別のチャンネルを作ります。

Chapter » 10

Section » **02**

ブランドアカウントでチャンネルを作る

Googleアカウントに追加する別のブランディング

YouTubeのブランドアカウントは、普段使いの個人用アカウントとは別に使える、ブランドとリンクしたアカウントです。アカウントを複数持たなくても、チャンネルを使い分けることができるようになります。

チャンネルを追加する

1 ブラウザーで自分のチャンネルを表示し、「設定」をクリック。

> 🖉 **One Point**
>
> **チャンネルを表示する**
>
> ブラウザーでYouTubeを開き、アカウントのアイコンをクリックして「チャンネル」をクリックします。

2 「新しいチャンネルを作成する」をクリック。

3 チャンネル名を入力し、「新しいGoogleアカウントを独自の設定～」のチェックをオンにして、「作成」をクリック。

4 新しいチャンネルが作成される。

◇ **One Point**

アカウントを切り替える

アカウントのアイコンをクリックして、「アカウントを切り替える」をクリックすると、作成しているチャンネルが表示されます。1つのGoogleアカウントで複数のチャンネルを持っていることがわかります。

Chapter » 10

Section » **03**

チャンネルのデザインを設定する

チャンネルのイメージを創りだす

YouTubeで自分が持つチャンネルは、見た人が内容を把握し、興味を持ってもらえるように デザインします。アイコンやバナーと呼ばれる大きな画像を登録し、簡単な紹介文を表示しましょう。

アイコン画像を登録する

1 チャンネルを表示し、「チャンネルをカスタマイズ」をクリック。

One Point

チャンネルを表示する

ブラウザーでYouTubeを開き、アカウントのアイコンをクリックして「チャンネル」をクリックします。

2 はじめてチャンネルのカスタマイズを行うときは確認画面が表示されるので「続行」をクリック。

One Point

YouTube Studio

自分のYouTubeチャンネルで投稿をはじめデザインなどさまざまな設定をしたり、アクセスやコメントの管理などを行うページを「YouTube Studio」と呼びます。

3 「ブランディング」をクリック。

4 「写真」の「アップロード」をクリック。

5 アイコンに使う画像を選択し、「開く」をクリック。

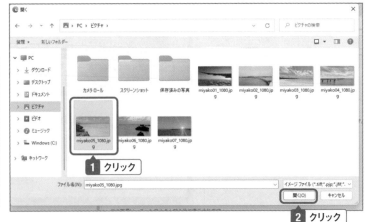

> **One Point**
>
> ### アイコンに使う画像
>
> アイコンに使う画像はJPGファイルをはじめ、PNGなど広く使われている画像ファイル形式に対応しています。アイコンは円で切り抜かれますので、円にしたときに何かわかるような画像を用意しましょう。

6 アイコンで表示する範囲を
調整し、「完了」をクリック。

> **One Point**
>
> **範囲を調整する**
>
> アイコンに表示する画像の範
> 囲は、周囲のハンドルをドラッ
> グして大きさを変えます。また、
> 画像をドラッグすると表示する
> 位置を移動できます。

7 アイコンが登録される。

バナー画像を登録する

1 チャンネルのカスタマイズ
画面で、「バナー画像」の
「アップロード」をクリック。

2 バナーに使う画像を選択し、「開く」をクリック。

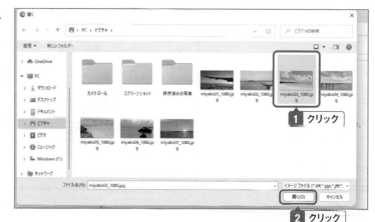

3 バナーの大きさと位置を調整し、「完了」をクリック。

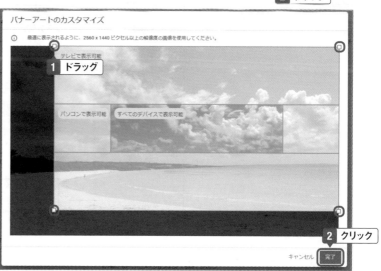

One Point

バナーが表示される範囲

バナーは、パソコンやスマートフォンなど使う機器によって表示範囲が変わります。それぞれ、「テレビで表示可能」「パソコンで表示可能」「すべてのデバイスで表示可能」で示される枠内の画像がバナーになりますので、確認しながら調整します。

4 バナー画像が登録される。その後画面右上の「公開」をクリック。

5 変更した内容がチャンネルに反映される。

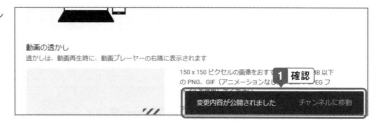

動画の透かし
透かしは、動画再生時に、動画プレーヤーの右隅に表示されます

150 x 150 ピクセルの画像をおすす　　 MB 以下
の PNG、GIF（アニメーションなし　　　　PEG フ

1 確認

変更内容が公開されました　　チャンネルに移動

チャンネルの説明文を登録する

1 チャンネルのカスタマイズ画面で、「基本情報」をクリックする。続いて「チャンネル名を説明」に説明を入力し、画面右上の「公開」をクリックすると、変更した内容が登録され、公開される。

チャンネルのカスタマイズ

レイアウト　　ブランディング　　基本情報　　**1** クリック

チャンネル名と説明
青の景色 ✏

説明
旅先で出会った「青」の景色を紹介します。　　**2** 入力

20/1000

＋ 言語を追加

📌 **One Point**

編集はいつでもできる

　画像や説明文の変更は、チャンネルのカスタマイズ画面からいつでもできますので、必要に応じて内容を変更し、チャンネルを充実させていきましょう。なおチャンネル名の変更もできますが、チャンネル名はそのチャンネルのブランドでもありますので、頻繁に変えることは知名度につながりません。不用意に変えなくてもよいように、最初にしっかりとした名前を考えましょう。

---

2 チャンネルの「概要」に説明文が表示される。

青の景色
チャンネル登録者なし

ホーム　　動画　　再生リスト　　チャンネル　　概要　　🔍

説明
旅先で出会った「青」の景色を紹介します。　　**1** 確認

Chapter » 10

Section » 04

アカウントを確認する

本人確認しないと使えない機能もある

YouTubeにアカウントを登録し、チャンネルを開設したら、投稿を始める前に本人確認をしておきます。携帯電話のSMSを使って認証することで、サムネイルの作成や長時間の動画の投稿ができるようになります。

アカウントを確認する

1 アカウントのアイコンをクリック。

> **One Point**
>
> **アカウントを確認する
> 必要性**
>
> 　YouTubeへの動画投稿は、アカウントを認証しなくてもできます。ただしアカウントを認証すると、動画とは別に作成したサムネイルの利用や、15分以上の長時間動画を投稿できるようになります。

2 「YouTube Studio」をクリック。

3 「設定」をクリック。

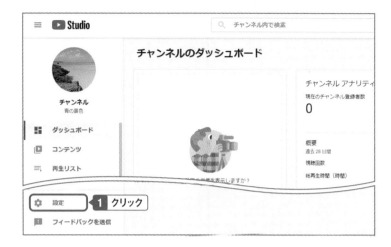

4 「機能の利用資格」をクリック。

> 🔖 **One Point**
>
> ## 実在の人物による登録を確認
>
> アカウントの確認は、登録したユーザーが実在の人物であることを確認するために行います。ロボットやプログラムによって不正なアカウントが登録されてしまうことを防止しています。

5 「スマートフォンによる確認が必要な機能」の「∨」をクリック。

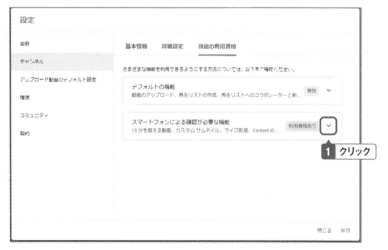

Chapter **10** YouTubeで公開しよう

281

6 「電話番号を確認」をクリック。

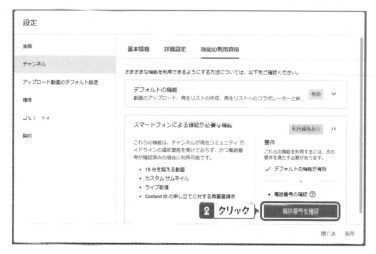

7 「SMSで受け取る」をクリック。

📎 **One Point**

SMSが使えない場合

　SMSは電話番号を宛先に使うショートメッセージサービスで、一般的な携帯電話契約であれば利用できます。しかし格安スマホなど一部の携帯電話契約では利用できないこともあります。SMSが使えない場合は「電話の音声メッセージで受け取る」を選択すると、入力した電話番号に着信があり、コードを聞くことができます。

---

8 携帯電話の電話番号を入力し、「コードを取得」をクリック。

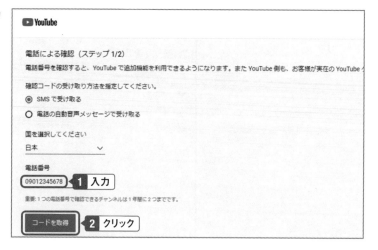

9 携帯電話のSMSで届いた
6桁の確認コードを入力し、
「送信」をクリック。

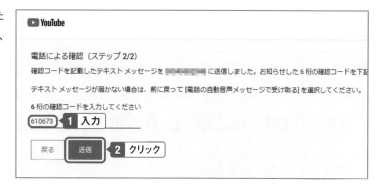

10 確認が完了する。

11 設定画面の「スマートフォン
による確認が必要な機能」
に「有効」と表示される。

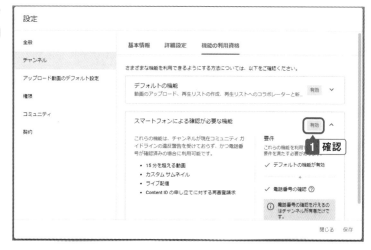

One Point

これで準備が完了

アイコン画像やバナー画像の登録、説明文の
登録などを行い、アカウントを電話番号で確認
したら、チャンネルに動画を投稿する準備が整
います。

Chapter **10** YouTubeで公開しよう

283

Chapter » 10

Section » 05

YouTubeに適した動画で保存する

大きすぎず、小さすぎず

After Effectsで編集した動画をYouTubeで公開する場合には、YouTubeに適した動画で保存する必要があります。このとき、解像度や再生レート（コマ数）が適切で、ファイルサイズが大きくなりすぎない動画に保存します。

「H.264」で保存する

After Effectsで「ファイルの書き出し」を行うと、書き出し設定画面が表示されます。ここで「書き出し設定」の「形式」を「H.264」に設定します。「H.264」形式のビデオは、映像の画質や音質を劣化させないようにファイルサイズを圧縮して保存します。YouTubeをはじめとするインターネットの動画配信では、ファイルサイズを小さくすることは通信量を節約するために欠かせません。一方で、きれいな動画を見たいというのは誰でも思うことです。このような理由からも、インターネットで配信する動画はYouTubeも含め「H.264」形式が現在もっとも適したファイルとされています。

「H.264」形式はフルHDサイズに加え、4Kサイズも対応します。ただ一般的に、YouTubeではフルHDサイズで十分なので、特別な理由がない限り、「フルHDサイズで動画作成し、H.264形式で保存する」と覚えておけばよいでしょう。

YouTubeでサポートされているファイル形式

> 注: 音声ファイル（MP3、WAV、PCMファイルなど）はYouTubeにアップロードできません。そこで、動画編集ソフトウェア などを使用すれば、音声ファイルを動画に変換できます。

動画をアップロードする際、どのファイル形式で保存すればよいかわからない場合や「無効なファイル形式」というエラー メッセージが表示される場合は、次のいずれかのファイル形式を使用していることをご確認ください。

- .MOV
- .MPEG-1
- .MPEG-2
- .MPEG4
- .MP4
- .MPG
- .AVI
- .WMV
- .MPEGPS
- .FLV
- 3GPP
- WebM
- DNxHR
- ProRes
- CineForm
- HEVC（h265）

上記以外のファイル形式を使用している場合は、このトラブルシューティングを使用してファイルの変換方法を確認してください。

ファイル形式について詳しくは、エンコード設定 に関する記事をご覧ください。

YouTubeのヘルプには対応する動画形式が列挙されている。YouTubeは多くの動画形式に対応しているが、「H.264」は「MPEG4」の中に含まれる保存設定の1つ。

　なお、似た名前に「H.265」というファイル形式があります。「H.265」は「H.264」の進化型で、より高い圧縮率で8K映像にも対応します。しかし「H.265」形式のファイルで保存するには高いスペックのパソコンが必要になり、現実的に8K映像が普及するまでまだ時間がかかりますので、現状はあまり使われていません。

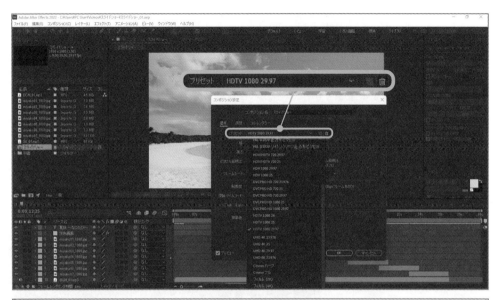

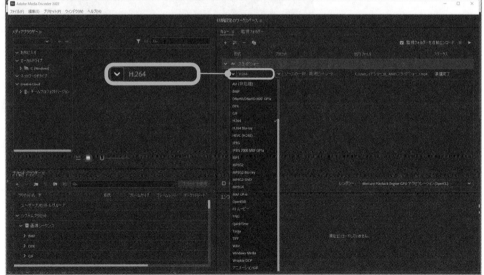

形式以外はそのままでも特に問題ないが、「プリセット」でYouTubeの解像度に向いた設定を選ぶこともできる。4K動画で作成してフルHD動画でアップロードする場合などに役立つ。

Chapter » 10

Section » **06**

サムネイル画像を切り出す

目を引くサムネイルが重要

動画の見出しになる画像を「サムネイル」と呼びます。サムネイルは動画の内容を端的に表現し、YouTubeにある無数の動画から興味を持ってもらうために重要な役割を果たしています。

動画のフレームを画像に保存する

1 サムネイルに使う映像の位置にインジケーターを移動する

2 「コンポジション」メニューから「フレームを保存」の「ファイル」をクリック。

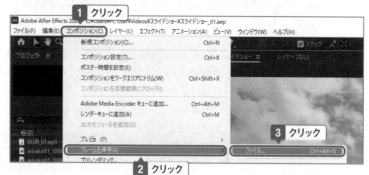

3 ファイルを保存するフォルダーを選択して、ファイル名を入力する。その後「保存」をクリック。

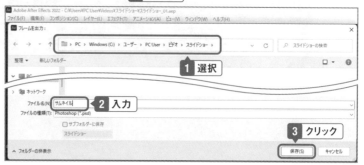

📍 **One Point**

PSD形式が表示される

「フレームを保存」では、ファイルの種類が「PSD」（フォトショップ形式）しか選択できませんが、このあとの操作でJPGなどを選択できますので、まずはPSD形式のままで進めます。

---

4 レンダーキューパネルが表示され、保存するファイルが登録されるので、「出力モジュール」の「Photoshop」をクリック。

5 「メインオプション」の「形式」で「JPEGシーケンス」を選択する。その後「OK」をクリック。

📍 **One Point**

レンダーキュー

レンダーキューは、映像や画像を保存する設定を登録しておく場所です。レンダーキューでレンダリングを行うことで、ファイルの保存が行われます。

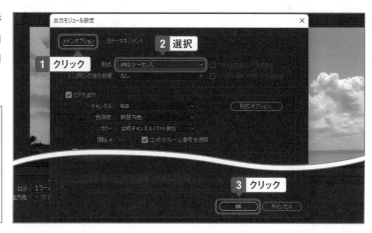

6 「レンダリング」をクリックすると画像が保存される。

Chapter » 10

Section » 07

動画をアップロードする

まずは非公開で投稿する

チャンネルの設定や投稿する動画の準備が整ったら、動画をアップロードします。このとき、いきなり公開はせずに、まずは非公開で投稿し、確認してから公開するようにすれば、万が一の間違いなども防げます。

動画を投稿する

1 チャンネルを表示してアカウントのアイコンをクリックし、「YouTube Studio」をクリック。

One Point

投稿した動画がないとき

まだ投稿した動画がないときは、チャンネルの「動画をアップロード」をクリックしても動画の投稿ができます。

2 「作成」をクリックし、「動画をアップロード」をクリック。

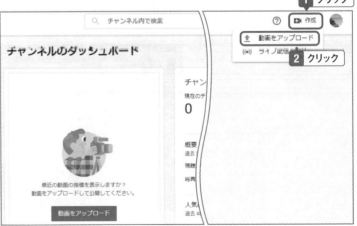

3 アップロードするファイルが保存されているフォルダーを表示する。

One Point

フォルダーから選択する

「ファイルを選択」をクリックすると、フォルダーから動画ファイルを選択してアップロードできます。

4 動画ファイルをドラッグ。

動画の情報を設定する

1 アップロードが完了すると、詳細画面が表示される。「タイトル」に動画のタイトルを入力し、「説明」に動画の説明を入力し、「次へ」をクリック。

Chapter 10 YouTubeで公開しよう

289

2 「サムネイル」にサムネイル画像をドラッグ。

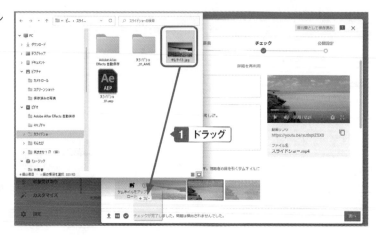

3 サムネイルが登録される。

4 「視聴者」で視聴対象の年齢層を選択し、「次へ」をクリック。

One Point

サムネイルの重要性

　サムネイルは、動画のイメージを1枚の画像で表す「動画の顔」になります。YouTubeで多くの人に見てもらうための動画であれば、サムネイルはとても重要で、サムネイル次第で視聴回数が大きく変わるほどです。もし本格的に取り組むのであれば、画像編集アプリでタイトルや内容を「一目でわかる」ように追加したサムネイル画像を作成すると効果的です。

5 「次へ」をクリック。

動画の要素

　動画の途中や終了後に関連したコンテンツを表示して、プロモーションを行う機能です。特に必要なければ設定せずに進めます。

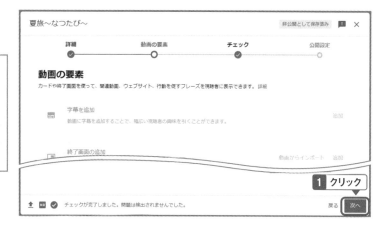

6 チェックが完了するとチェックマークが表示されるので、「次へ」をクリック。

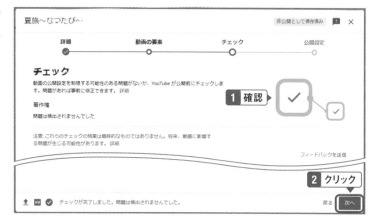

7 公開設定を選択する。まずは念のため「非公開」を選択しておく。その後「保存」をクリック。

Chapter **10** YouTubeで公開しよう

291

8 動画が投稿されるので、YouTube Studio画面の「コンテンツ」で確認する。

動画を再生して確認する

1 YouTube Studio画面の「コンテンツ」で再生する動画にマウスポインターを合わせ、「YouTubeで再生」をクリック。

2 YouTube画面で再生し、確認する。

One Point

非公開でも再生できる

YouTube Studioのコンテンツからは、非公開の動画も再生できます。

動画を公開する

1 YouTube Studio画面の「コ
ンテンツ」で再生する動画の
「非公開」をクリック。

2 「保存または公開」の「公
開」をクリック。続いて「公
開」をクリック。

One Point

「限定公開」にする

「限定公開」は、公開の一種
ですが、YouTubeの検索やチャ
ンネルには公開されず、動画の
URLを知っている人だけが直接
アクセスして見られるようにな
ります。

3 動画が公開される。

4 チャンネルに動画が表示さ
れる。

Chapter » 10

Section » 08

タイトルと説明を編集する

内容を端的に表現する

投稿する動画には、タイトルと説明文を付けます。投稿時に設定したタイトルや説明は、あとから修正することもできます。検索で見つけてもらえるようなキーワードを盛り込んでタイトルや説明を書きましょう。

詳細画面から設定する

1 YouTube Studioの「コンテンツ」を表示し、タイトルや説明を修正する動画の「詳細」をクリック。

2 詳細画面が表示されるので、タイトルや説明を修正する。その後「保存」をクリック。

3 「変更を保存しました」と表示されて修正が反映される。

Chapter » 10

Section » **09**

動画を非公開にする

情報が古くなったら非公開も検討する

公開している動画の情報が古くなり、現実と異なる状況になったときには、思い切って非公開にすることも一策です。古い情報を載せたままにすることは誤解も招くので、常に情報の新鮮さには気を配ります。

公開の状態を変更する

1 YouTube Studio画面の「コンテンツ」で再生する動画の「公開」をクリック。

2 「非公開」をクリックし、「保存」をクリック。

3 動画が非公開になる。

Chapter » 10

Section » **10**

YouTubeの動画をSNSで共有する

動画のURLを取得してSNSに掲載する

YouTubeに公開した動画は、YouTubeの検索やGoogleの検索などで探せるようになりますが、SNSで知らせるとより多くの人に効果的に広げられます。Twitterなど多くの人が見る可能性のあるSNSに動画のURLを載せて投稿しましょう。

URL を Twitter に投稿する

1 YouTube StudioでURLを取得する動画にマウスポインターを合わせ、「オプション」をクリック。

2 「共有可能なリンクを取得」をクリックすると、URLがクリップボードにコピーされる。

One Point

URLは短縮される

取得したURLは「https://youtu.be/〜」で始まります。YouTubeの特定の動画を示す本来のURLはとても長いので、SNSなどで利用しやすいように短縮されています。

3 Twitterの投稿画面に貼り付けて投稿する。

One Point

ハッシュタグを活用する

SNSの投稿では、「ハッシュタグ(#)」を上手に活用すると、より多くの人に見てもらえる可能性が高くなります。

After Effectsと
他のAdobeアプリを
組み合わせよう

Adobeには、動画や画像（写真）を編集、作成するさまざまなアプリがあります。特にPremiere Proは同じ動画編集アプリで、用途によってAfter Effectsと連携しながら使い分ければより高度な編集が可能になります。Adobeのアプリを組み合わせて、本格的な動画制作に活用しましょう。

Chapter » 11

Section » 01

Premiere Proの構造

Premiere Proは広く使われる動画編集アプリ

動画編集アプリといえば、Premiere Proの方が有名かもしれません。一般的な動画編集においてはPremiere Proの方が標準的で、他の動画編集アプリとも共通の操作性があります。

タイムラインの構造の大きな違い

　　After Effectsでは、タイムラインにレイヤーが構成され、エフェクトごとにレイヤーの中で設定をしていましたが、Premiere Proではタイムラインパネルに配置した動画や画像、音声に直接エフェクトなどを追加します。

　　したがって、After Effectsでは複数の映像をつなげたり切ったりして長い動画を作り上げるというよりは、ある1つの動画に対してさまざまなエフェクトを追加する作業に向いています。一方で。Premiere Proでは1つの素材にエフェクトをドラッグして、エフェクトコントロールパネルで設定します。さらに1つのタイムラインに複数の素材を並べてつなげることもできるので、長い動画でもタイムライン上で直感的に編集できるようになります。

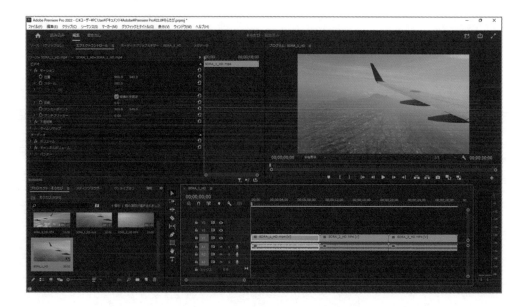

　After Effectsではプロジェクトの中で作成、編集する動画を「コンポジション」と呼びますが、Premiere Proでは「シーケンス」と呼びます。

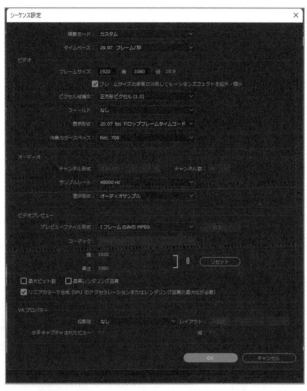

動画のサイズなどの設定を行う画面は、After Effectsでは「コンポジション設定」だが、Premiere Proでは「シーケンス設定」となる。

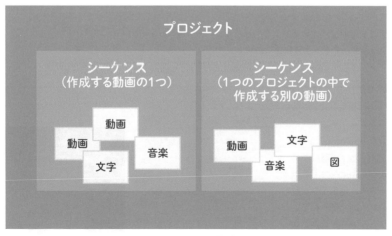

Premiere Proでは大きなプロジェクトという箱の中に、シーケンスを作成し、シーケンスの中で動画を編集する。

Chapter » 11

Section » 02

Premiere Proのシーケンスを After Effectsに読み込む

Premiere Proで編集した動画の一部分をより凝った映像にする

After Effectsは動画に凝ったエフェクトを加えることが得意です。そこで先にPremiere Proで動画を編集してからAfter Effectsに読み込むと、さらに手を加えた動画を作ることができるようになります。

After Effects で Premiere Pro と連携して編集する

1 AfterEffectsで新規プロジェクトを作成する。続いて「ファイル」→「Adobe Dynamic Link」→「Premiere Proシーケンスを読み込み」をクリック。

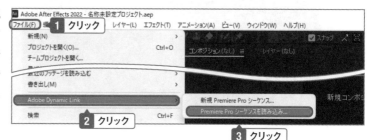

🖱 **One Point**

Adobe Dynamic Link

「Adobe Dynamic Link」は、Adobeのアプリ間で相互にファイルをやり取りする規格で、それぞれのアプリで行った編集や加工が別のアプリにも反映されることが特徴です。「Adobe Dynamic Link」を使うと、さまざまなアプリの機能を使ってより高度な編集ができるようになります。

🖱 **One Point**

Premiere Proのプロジェクト読み込みではない

After Effectsの「ファイル」メニューには、「読み込み」→「Adobe Premiere Proプロジェクトの読み込み」という項目があります。このメニューではPremiere Proで作成したプロジェクトファイルを読み込むので、プロジェクトファイルで使われている動画や画像、音声などの素材を読み込むだけで、編集した状態は再現しません。

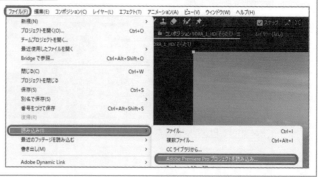

2 読み込むプロジェクトファイ
ルを選択し、読み込むシー
ケンスを選択して、「OK」を
クリック。

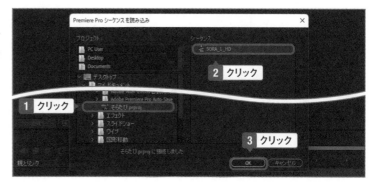

プロジェクトファイルのフォルダー

　プロジェクトファイルを探すとき、通常のダイアログボックスとは異なる表示のため戸惑うかもしれません。たとえば普段使っている「ドキュメント」フォルダーであれば、「Documents」フォルダーを開きます。「ビデオ」ならば「Videos」フォルダーが該当します。

---

3 シーケンスが読み込まれる。

4 Premiere Proで編集した内
容が反映されている。

**After Effectsの編集も
反映される**

　After Effectsで編集したシーケンスは、Premiere Proで開いたときにも反映されます。

Chapter » 11

Section » 03

Premiere Pro上でAfter Effectsを使う

タイムラインからAfter Effectsを呼び出す

Premiere Proで動画を編集しているとき、タイムラインに配置した動画から直接After Effectsを呼び出して、さらに加工することができます。特定の動画素材にPremiere Proではできないエフェクトを追加できます。

Premiere Pro から After Effects を起動する

1 Premiere Proのタイムライン上で、After Effectsで編集する動画を右クリック。

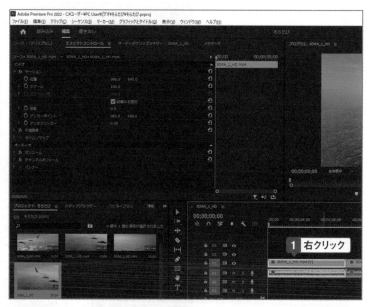

🍵 One Point

アプリで利用するアカウント

Premiere Proのタイムラインで編集した動画をAfter Effectsに読み込むときには、After Effectsが起動します。パソコンにはあらかじめPremiere ProとAfter Effectsをインストールしておきます。このとき、2つのアプリは同じAdobeアカウントで利用します。別のアカウントで契約しているAdobeのアプリを同時に起動することはできません。

2 「After Effectsコンポジションに置き換え」をクリック。

3 After Effectsのプロジェクトを保存するフォルダーを選択し、ファイル名を入力して、「保存」をクリック。

> 🎯 **One Point**
>
> **After Effectsのプロジェクト保存も必要**
>
> Premiere Proで編集している動画の一部をAfter Effectsで編集するときには、After Effectsのプロジェクトを作成し、保存する必要があります。

4 After Effectsに動画が読み込まれる。

5 After Effectsで動画を編集する。

6　メニューの「ファイル」をク
リックし、「保存」をクリッ
ク。

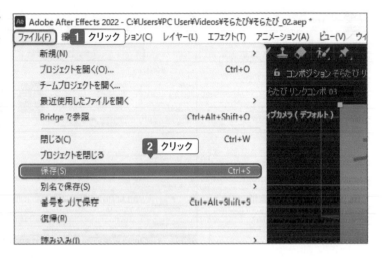

7　After Effectsの編集が
Premiere Proにも反映さ
れる。

One Point

リアルタイムに更新される

　After Effectsで編集を行って
保存すると、Premiere Proにも
リアルタイムで反映、更新され
ます。After Effectsの編集が終
わり、保存したらAfter Effects
を終了しても構いません。

One Point

Premiere Proのタイムラインの表示

　After Effectsを呼び出して編集した動画は、Premiere Proのタイムライン上で濃いピンク色に変わります。これは
After Effectsのコンポジションであることを示しています。

One Point

After Effectsで再編集する

　Premiere Proのタイムラインに表示されているAfter Effectsのコンポジションは、右クリックして「オリジナルを
編集」をクリックするとAfter Effectsが起動し、再度編集できるようになります。

Chapter ≫ 11

Section ≫ 04

PhotoshopやIllustratorの
レイヤーを読み込む

必要なレイヤーだけ読み込む

写真加工アプリのPhotoshopやデザイン作成アプリのIllustratorで作成したデータを
Premiere Proに読み込みます。このとき、レイヤーごとに読み込めるので、必要なデー
タだけを使うことができます。

レイヤーを読み込む

1 PhotoshopやIllustratorの
ファイルを表示し、読み込
むファイルをプロジェクトパ
ネルにドラッグ。

2 レイヤーの読み込み方法を
選択し、「OK」をクリック。

One Point

レイヤーオプション

「レイヤーファイルの読み込み」画面では、レイヤーの読み込み方法を選択できます。それぞれ次のようになります。

「フッテージ」の場合

・レイヤーを統合：すべてのレイヤーを合成して読み込む

・レイヤーを選択：選択するレイヤーだけを統合して読み込む

「コンポジション」の場合

・編集可能なレイヤースタイル：PhotoshopやIllustratorのレイヤースタイルを編集可能な状態で読み込む

・レイヤースタイルをフッテージに統合：レイヤースタイルを適合した状態で1つのレイヤーに統合して読み込む

---

5 プロジェクトパネルに読み込まれる。

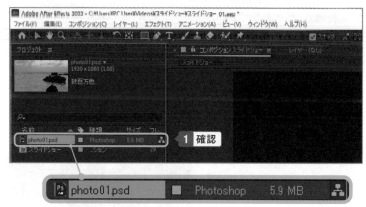

One Point

フォルダーにまとめられる

レイヤーを読み込むと、プロジェクトパネルに元の読み込んだファイル名のフォルダーが作成されます。

---

4 画像としてレイヤーのデータを使えるようになる。

One Point

画像の縦横比

コンポジションで設定している映像の縦横比または縦横のサイズと、読み込む画像の縦横比や縦横サイズが異なる場合、そのままのサイズで読み込まれますので、タイムライン上のトランスフォームなどで必要に応じて調整をします。

Chapter **12**

動画や素材の著作権に
ついて理解しよう

動画を公開するのであれば、法律やプライバシー、マナー、モラルなどさまざまな点に注意が必要です。特に著作権や肖像権といった権利については、理解されないまま公開されている動画もあり、トラブルになりかねません。素材の利用は動画公開のルールをしっかりと理解しておきましょう。

Chapter » 12

Section » 01

著作権と肖像権はどのような権利？

違法な動画を作らないために

動画にはいくつかの法律的な権利が関わります。その中でも特に重要な権利が、著作権と肖像権です。これらの権利を侵害することは違法行為となり、罰則が適用されるケースもありますので、正しく理解しましょう。

著作権は「作った人が持つ権利」

「著作権」は「著作物」を保護するための権利で、著作物の作者が持ちます。ここで言う「著作物」とは、一般的に「思想又は感情を創作的に表現したものであって、文芸、学術、美術又は音楽の範囲に属するもの」を示します。

もう少しかみ砕くと、人が創作的に作成したものは、その人の著作物となり、著作権で保護されるということになります。そして著作権の下では、人が創作的に作成したものを他人が勝手に使ったり、複写、複製したりすることができません。

たとえばあなたがアイディアを生み出し考えて作り上げた動画は、あなたに著作権があり、他の人があなたの許可なく勝手に使うことができません。一方で同時に、あなたが動画を作るときに、他の人が作った画像や動画を勝手に使うこともできません。

もしあなたが、録画したテレビ番組や映画を勝手に編集して公開したら、その番組や映画を制作した人の著作権を侵害することになり、立派な違法行為になります。なぜなら、本来であればその番組や映画を制作した人が得るはずの利益（再生による広告収入など金銭的な利益だけでなく、作品によって得られる二次的な利益、称賛や表彰による地位的な利益なども含みます）を、あなたが奪ってしまうからです。

たとえインターネットから画像を1枚だけコピーして動画に使っても、その画像に著作者がいるのであれば、それは著作権を侵害したことになります。つまり、動画を作るときは、すべてあなたの創作＝オリジナルである必要があります。これは素材に限らずアイディアも含みます。誰かが作った動画とそっくりな動画を作ったら、使っている映像や画像が自分のものでも、類似の程度によって著作権の侵害になることがあります。

利用が許可されている素材も多くある

では、アプリで使えるテンプレートや画像集もダメなのか、と言えばそうではありません。テンプレートや画像集は、あらかじめ「特に申告や手続きをしなくても使ってよい」ことを著作者が宣言していますので、使用しても問題ありません。テンプレートや画像集と同様に、インターネット上では「著作権フリー」と書いてある映像や画像、音声などの素材を多数入手できます。これらは著作者が使用を認めているもので、一定の利用ルールを守れば使えます。ただし利用ルールに「商用利用不可」といった一部の制限がある場合もあるので、必ず事前に素材の配布元に書いてある利用ルールを確認しましょう。

動画を作るときには、自分で撮影した動画や写真に、自分のアイディアを盛り込むことで個性が生まれます。安易な転用やコピーを考えず、常に自分だけしか作れない動画を作ることを意識していれば、著作権を侵害してしまうことはありません。

動画にも使えるBGMをダウンロードできる「著作権フリー」のサービスは多い。「著作権フリー」とは本来「著作権がない」あるいは「著作権を放棄した」状態のことを示すが、特に配布されている素材については「著作権は作者が持つが、あらかじめ許可している利用方法であれば申請なく利用できる」という意味に近い。

肖像権は「人の姿が持つ権利」

「肖像権」は、人の姿が持つ権利です。人権の一種で、「プライバシー権」とも呼ばれます。
わかりやすく言えば、自分の映像や写真を勝手に他のところで使われないように保護する権利です。もしあなたの姿がいつの間にか何かの動画に映っていて、公開されていたら不快な気持ちになるでしょうし、プライバシーが知られてしまう不安を感じるでしょう。そのため、人はすべてそれぞれに肖像権を持っています。

動画では、肖像権に十分な配慮が必要です。たとえば自分が外で撮影した動画に映り込んでいる通行人でも、その通行人に肖像権があります。したがって、その人の許可なく勝手に公開でさません。とはいっても、街などでは、いくら人が映らないように撮影していても、どうしても映ってしまうことがあります。

ではどうすればよいのでしょうか。街ですれ違った通行人に許可を求めるのは現実的に不可能です。そこで、モザイクやボカシを入れて「誰だかわからない状態にする」ことで、その人の肖像権を保護することができます。

たとえ友人でも、動画を公開するときには、「公開してよいか」を聞いて承諾してもらいましょう。個人的に一緒に録ることはよくても、公開は嫌だと思うこともあります。トラブルを避けるためにも、人が映っている動画は、「モザイクでわからなくする」か「許可を得る」ようにします。

もちろん、有名人や芸能人の写真や動画を勝手に使うことも肖像権を侵害します。その人がSNSで公開している写真や動画であっても勝手には使えません。さらにそれが番組映像やCDジャケットの写真といった著作物であれば、肖像権と著作権を同時に侵害することにもなります。著作権と同様に、あくまで「自分の動画は自分のものだけで作る」が基本です。

プライバシーに配慮する

動画を編集するときには、人の特定につながる情報にも気を配ります。たとえば家の表札、車のナンバープレートなど、個人そのものの姿ではなくても、プライバシーとして認識されるような情報にはモザイクをかけてわからないようにした方がトラブルを防げます。動画が完成したときに、もう一度見直して、プライバシーにつながる情報が映っていないかを確認する習慣を付けておきましょう。

車のナンバープレートなど、個人情報とは言えないものでもプライバシーにつながる情報であれば、モザイクをかけるなどの処理をしておく。たとえ小さくても、拡大すればわかることがあるので注意。

Chapter » 12

Section » 02

YouTubeで公開する動画の著作権は誰のもの？

動画の著作権は作った人が持つ

YouTubeに公開した動画は、誰に著作権があるのでしょうか。YouTubeのページは自分で作ったものではありませんし、動画の変換や保存はYouTubeが行います。著作権は誰が持つのでしょうか。

著作権はあくまで「自分」

　　自分が作った動画である以上、YouTubeであろうが他のSNSであろうが、その動画の著作権は自分が持ちます。あなたが作った動画であれば、その動画の著作権はあなたが誰かに譲渡しない限り、どこにあってもあなたが持ちます。したがって、たとえYouTubeを運営する会社（Google）でも、その動画を勝手にコピーして他の場所に転載することはできません。

　　では、動画が掲載されているYouTubeのWebページの著作権は誰が持つのでしょうか。Webページの著作権はWebページをデザインし作成し、所有しているYouTubeにあります。しかしそのWebページの中で表示される動画の著作権はあなたが所有しています。

直接のリンクは問題ない

　　あなたがYouTubeにアップロードして公開した動画は、あなたに著作権があります。勝手にコピーはできません。

他の人が公開した動画を自分のSNSなどにリンクで掲載することは問題ない。

311

　また、「おすすめ動画」などに表示されるのはコピーではなく、元の動画データへのリンクなので著作権の問題はありません。同様に、誰かがあなたの動画を気に入って他の人にも見てもらいたいと思い、動画のURLをSNSに貼り付けることも問題ありません。URLをSNSに貼り付けると、SNSによっては動画の一部が画像で表示されることもありますが、これも元の動画データを表示しているので問題ないと言えます。

　一方で、もし誰かがあなたの動画を何らかの方法でダウンロードし、別の場所にアップロードしてSNSで見られるようにした場合は、著作権の侵害になります。
　YouTubeの中でも、外部のSNSでも、表示される動画やサムネイルなどは「元の場所にあるデータを表示した状態」でなければいけません。

↘YouTubeの動画を転載したいときには、動画の下の「共有」をクリックして、アプリを選択するか動画のURLを取得してリンクを貼り付ける。

　ところで、YouTubeが動画に広告を入れるのは著作権侵害にならないのでしょうか。これはあらかじめYouTubeの規約に定められていて、YouTubeの利用には規約の同意が必要です。規約に同意すると、動画を公開した場合に広告の挿入を認めたことになります。規約は細かく、長く、非常に多い文章なので、ほとんどの人が読まないまま使っているかもしれません。しかしこのような細かいルールまで決めていますので、疑問に感じたら調べてみましょう。

Chapter » 12

Section » 03

何をすると著作権を侵害する？

人がやっているからいいのではない

「著作権の侵害」は明確な法律違反で、違法行為になります。一方で現実には著作権を侵害する動画が多数、SNSなどで見られます。「人がやっているからいい」のではなく、ルールを守る人でいるように心がけましょう。

他人のものを無断で使うこと

　何をすると著作権を侵害するのか、著作権法という法律には細かく書かれていますが、動画に関してひとことで言えば「他人が作ったものを無断で使う」と著作権の侵害になる可能性があります。つまり、自分が作る動画は、自分が撮影したり描いたりしたものだけで作らなければいけない、ということです。

　他人が作った動画をインターネットからダウンロードして、それをコピーして使うのはもちろんですが、部分的に使ったり、スクリーンショットなどを使ったりすることも著作権を侵害する可能性があります。

　ここで「可能性がある」というのは、相手が事前に許可している場合は、侵害するとは限らない可能性もあるからです。言い換えれば、事前の許可がなく他人の作ったものを使うことはできません。

テレビ番組や映画などを録画してYouTubeなどに転載したり自分で編集してSNSで公開するのも著作権を侵害する。

Chapter 12　動画や素材の著作権について理解しよう

注釈を書いても使えない

他人の動画をSNSやWebサイトなどにコピーして転載するといった違法行為で時折見かけるのは、「この動画は〇〇氏の制作です」や「この動画の著作権は〇〇氏が所有しています」といった断り書きを表示しているものです。

断り書きを明示すればコピーしてもいいのかといえば、これもできません。著作権の侵害行為になります。

著作権は、著作者の創作物を保護するためにある権利です。たとえばYouTubeの動画で広告収入を得ている著作者が、動画をコピーされたことによって広告収入が減ってしまったら、著作者は被害を受けたことになります。たとえコピー先に著作者が記載されていたとしても、収入を保証してくれるわけではありません。したがって著作権侵害による損害賠償の対象となる可能性があります。

もちろん、著作者から「著作者を明示してください」ということを条件に事前に許可を受けた上で、コピーして掲載した場合は著作権侵害にはなりませんが、この場合は「著作者の許可を得て掲載しています」と書いた方が誤解を招きません。

故意の侵害は論外ですが、「自分の動画は自分だけの力で作る」ことを心がけていれば、いつの間にか著作権を侵害していたということもありません。

YouTubeなどSNSでは、著作権についての考え方がヘルプにまとめられているので、利用時には事前に確認しておくとよい。著作権について一定の条件に基づいて著作者の許可なく利用できる「フェアユース」という考え方もあるが、基本的に他人の創作物を勝手に使うことはNGとなる。

Chapter » 12

Section » 04

使う写真やBGMの著作権は？

写真も音楽も著作権は作者にある

動画に使う写真やBGMも、それぞれ著作権は作者が所有します。ただ一方で、「著作権フリー」という事前の許可なくルールの範囲内で自由に使える写真やBGMもありますので、活用しましょう。

著作権フリー素材を使う

　　動画には写真やBGMも使います。特にBGMは動画作成に重要な要素で、欠かせない素材です。もちろん写真やBGMもそれぞれの作者に著作権があります。写真はスマートフォンでも撮影できるとしても、BGMまで自分で作曲しなければいけないのでしょうか。自分で作曲できればよいのですが、誰にでもできることではありません。

　　そこで「著作権フリー」の素材に注目します。
　　インターネットには、「著作権フリー」と書かれた素材を配布しているWebサイトが多数あります。中には無料で使えるものもあります。

　　「著作権フリー」の素材とは、決められたルールの範囲内であれば著作者に事前に許可を得ることなく自由に使える素材です。つまり、そのWebサイトからダウンロードした写真やBGMは、ルールの範囲内であれば自由に使うことができます。この場合のルールは、Webサイトによって違いますので事前に確認しておく必要があります。たとえば「クレジットを記載すること」とあれば、「© ○○○○」などのように、利用時に著作者やWebサイトの権利を示す内容を記載する必要があります。「©」は「コピーライト」（＝copyright、著作権）という意味です。また「商用利用は不可」であれば、有料で販売する商品やコンテンツに使うことはできません。「個人利用のみ」であれば、法人が使うことはできません。逆に「商用利用可」や「法人利用可」としている素材も多数ありますので、目的に合わせて探してみましょう。

　　ここで誤解しないでおきたいのは、著作権フリーが著作権を放棄しているわけではないことです。たとえ著作権フリーでも、著作権は著作者が持っています。著作者の権利を侵害し、迷惑をかけないような使い方を心がけましょう。

BGMのように自分では作るのが難しい素材は、フリー素材をダウンロードできるWebサイトを活用する。利用するときは規約を確認して、許可された範囲で使用すること。クレジットの記載が必須な場合や商用利用を認めていないなど、一部に制限があるものもある。

「歌ってみた動画」は著作権侵害？

では、YouTubeなどのSNSで見られる「歌ってみた動画」や、TikTokでヒット曲に合わせて踊る動画は、その曲の著作権を侵害しているのでしょうか。

答えは、侵害になりません。

YouTubeやTikTokは、あらかじめ著作権を侵害しないように、著作物に対して利用料を支払っています。日本で言えば、ヒット曲の多くはJASRAC（ジャスラック）という著作権管理団体が著作権や著作権の利用料を管理し、著作物の利用者から得た利用料を著作者に分配しています。本来であれば著作権の利用料は、「1曲ごとに、1回の再生について著作者にいくら支払う」といったルールですが、膨大な著作物に関して1曲1回ごとに計算するのは現実的ではなく、一括して一定の金額を支払うことで、著作物の利用料を認めています。テレビ放送でBGMにヒット曲が使われているのも同じ仕組みです。

ただし、利用できるのはそれぞれのSNSなどで定められたルールの範囲内です。YouTubeやTikTokでは、音楽の利用について規則で定めています。カラオケ音源による配信はオリジナルのCDからコピーしたものは使えないなど、細かい規定があります。それぞれの「よくある質問」などで確認しましょう。

一方で、自社のWebサイトに掲載するプロモーション動画にヒット曲を使う、といった場合は著作者の許可が必要です。あるいは前出の著作権管理団体などに問い合わせ、著作物の利用料を支払うことで利用できるようになるものもあります。いずれにしても、著作物を著作者の許可なく勝手に使えない、ということだけは意識しておきましょう。

Chapter » 12

Section » 05

テンプレートやダウンロードできる素材は使っていい？

利用条件を守れば使える

アプリに付属してるテンプレートやダウンロードで入手できる素材は、基本的に使えます。一方で、ダウンロードを前提としていないWebサイトなどは利用できない素材もあります。

After Effects のテンプレートや Adobe Stock の素材

　　After Effects では、複雑なエフェクトを簡単な操作で設定できるテンプレートが、さまざまなWebサイトでダウンロードできます。凝った動きを手軽に作れる便利なテンプレートで、無料・有料のものがあります。

　　これらはそれぞれのWebサイトに規約が掲載されていて、その利用条件の範囲内では自由に使うことができます。

　　またAdobeには、「Adobe Stock」という素材集があり、とても多くのテンプレートや画像が登録されているので、ダウンロードして利用します。「Adobe Stock」には季節に合わせたテンプレートなどが随時追加され、豊富な素材からさまざまなイメージの動画に活用できます。「Adobe Stock」は条件により追加で利用料金が必要になりますが、商用利用もできます。

Adobe Stockは、Adobe製品で使えるさまざまな素材やテンプレートをダウンロードできるサービス。

Chapter **12** 動画や素材の著作権について理解しよう

Chapter » 12

Section » 06

商用利用と個人利用の境界線は？

収益を得ようとするかどうかの違い

画像やBGMを配布しているWebサイトには「商用利用可」「個人利用に限る」などといった注意書きが見られます。「商用利用」と「個人利用」の境界線は、利益を得ようとするものかどうかの違いです。

商用利用は「利益を得ようとする活動に使う」こと

「商用利用」とは、端的にいえば商売に使うことです。つまり、その素材を使って作ったもので利益を得ようとすることです。仮に売れずに利益が出なくても、利益を得ようとする活動であれば商用利用になります。

具体的な「もの」を売るだけではなく、素材を使った動画を掲載したWebサイトを有料会員制にして料金を徴収することや、素材を使った広告を作って掲載したことで商品が売れて利益を得るといった、「利益を得ることが目的」であればすべて商用利用に含まれます。これは法人に限らず、個人事業主やフリーランス、あるいは個人としての活動でも利益を得るための活動であれば、商用利用とされます。

さらに広い意味では金銭に限らず、名誉を得ることも商用利用とされることがあります。名誉はその法人や個人の利益になるからです。

一方で「個人利用」は、言葉の意味からすれば「個人の活動での利用」ですが、一般的には「商用利用ではないこと」を示すことが多く、一部では法人に対しても「利益を得ない活動」を個人利用と指すこともあります。ただし、前述のように、直接の利益に関係しなくても、その素材を使うことによって間接的に利益を得ることにつながれば商用利用になることもあるので注意してください。

なお法律的な「商用利用」「個人利用」という言葉の定義はありません。基本的には「利益を得るための活動」ですが、個々の認識に違いがあることも多いので、不明な点があれば配布しているWebサイトの管理者などに問い合わせましょう。

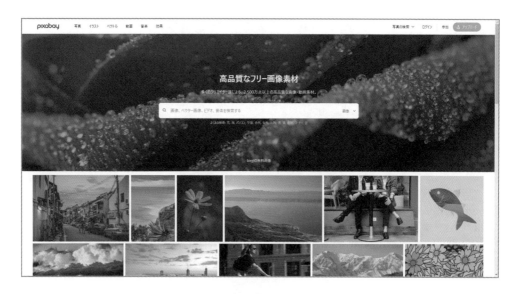

ダウンロード素材を商用目的で利用する場合は、「商用利用が可能かどうか」を確認する。

上：高画質の素材を無料で利用できる「Pixabay」。

下：画面の下に「営利目的であっても著作権に対する許可やクレジットは不要」と書かれている。

☕ Column　機材を工夫することの楽しさ

　動画作りに慣れてくると、それまでスマートフォンで撮影していた動画を、もっと本格的な機材を使って撮影したいと思うようになります。

　もちろんプロ向けの機材を使えば、機能も増えて、数値上の性能も上がります。だから本格的な撮影にはプロ向けの機材が必要になると思うかもしれません。　方でプロ向けの機材はとても高価で、特に専門的な分野の製品に共通するように、およそ趣味で買えるような値段で手に入らないものがたくさんあります。特にビデオカメラは100万円を超える機材も当たり前のようにラインアップされています。

　しかし、高い機材を使ったからといって、いい動画を撮影できるとは限りません。
　これは断言しましょう。実際に、プロ向けの機材を持ちながら使いこなせずに、よほどスマートフォンで撮った方がきれいと思えるような動画もたくさん見られます。

　スマートフォンのカメラ機能は今、かなり高性能で、4K映像もきれいに録れます。中にはAIを搭載し、シーンによって自動的に色合いやフォーカス（ピント）を調整してくれるような機能を搭載する機種もあり、100万円以上する機材にも劣らない「映像作り」を楽しめます。たとえばオレンジ色に燃えるような夕陽は、スマートフォンの方が簡単ではるかにきれいなイメージで撮影できます。もし同じようなイメージで本格的なビデオカメラで撮影しようとすれば、露出や色味の細かい調整が必要になります。

　つまり、高ければいいとは限らないのです。
　またそこには、費用をかけずに工夫していい動画を撮影する楽しみも生まれます。

　撮影では、機材もいろいろ工夫してみましょう。
　たとえば100円ショップで買える画用紙でもレフ版に使えます。しかも紙なので反射がやわらかい光になります。逆に黒い紙なら光の反射を抑えることができます。カメラの裏にある三脚用のネジは、実は一般的な雨傘の先端のネジと同じサイズなので、傘を自撮り棒代わりに使えます（振り回すと危険なので十分周囲に注意して使用してください）。もちろん傘を固定できれば三脚の代わりにもなります。スマートフォンや軽量のビデオカメラを固定するだけであれば、私は粘土や「ひっつき虫」（簡単にはがれる粘着素材）もよく使います。

　最近では自撮りやテレワークの普及もあって、安価で手に入るLEDライトや格安で借りられるレンタルスタジオなども増えてきました。従来は1日で何十万円もかかった本格的なスタジオ撮影も、数千円～1万円程度でできてしまいます。また、ネット通販や100円ショップ、ホームセンターで販売されている商品を工夫して使えば、自宅に簡易スタジオのようなセットを組むこともできます。たとえば「つっぱり棒」「物干しざお」「シーツ」「目玉クリップ」で白背景のスタンドセットを組めます。どう使うかはぜひ考えてみてください。

　身の回りには、アイディア次第でいろいろと役立つものがあります。「使えるものはないか」といろいろ探してみるのも、撮影が楽しくなるでしょう。

Appendix

効率的な作業や、
理解を助けるための知識

- ・便利な操作
- ・ショートカットキー一覧
- ・用語集

便利な操作

エフェクトコントロールパネルの数値の変更

エフェクトコントロールパネルの数値は、キーボードで入力する方法の他に、マウスで直接変更することができます。手元の動きを減らせるので、作業効率が上がります。

数値の上にマウスポインターを合わせるとマウスポインターが‹›の形状に変わる。

そのままマウスを前後に動かすと数値が変わる。

スケールのように縦横比を固定できるエフェクト値は、鎖のアイコンが表示されていると縦横比が固定され、クリックしてオフにすると縦横の値を個別に変更できるようになる。

便利な操作

エフェクトの設定

エフェクトの大きさは、コンポジションパネルやエフェクトコントロールパネルで設定します。

エフェクトコントロールパネ
ルでエフェクトの数値を調
整する。

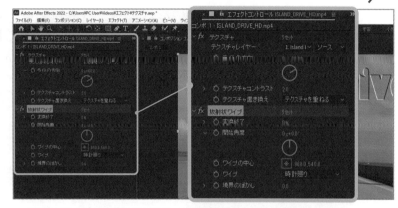

エフェクトを重ねて追加し
たときは、複数のエフェク
トが表示される。このとき、
表示が上にあるほどエフェ
クトの重ね順も上になる。

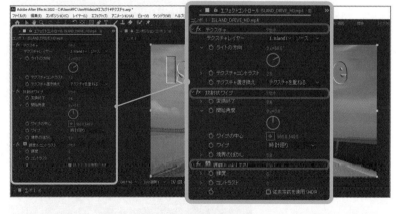

コンポジションパネルでも
エフェクトの設定はできる
が、表示領域が狭いため、
複雑なエフェクトはエフェク
トコントロールパネルで設
定すると効率がよい。

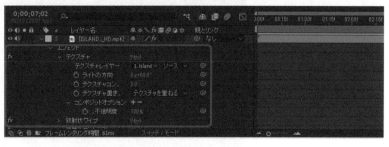

Appendix 効率的な作業や、理解を助けるための知識

Appendix » **3**

タイムラインのレイヤー順序を変える

タイムラインのレイヤーは重ね順を変更できます。

コンポジションパネルのレイヤーを選択する。

ドラッグして重なり順を移動する。

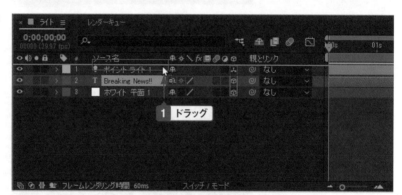

重なり順が変わる。

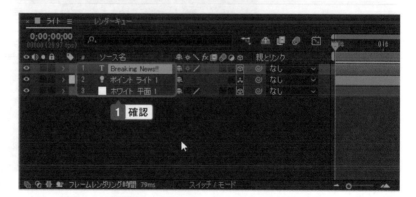

Appendix » **4**

映像や音声の一時的なオン・オフ

トラックごとに映像や音声の一時的なオン・オフを切り替えることができます。音声の場合、1トラックだけ再生することもできます。

[ビデオを表示／非表示]を
クリックして映像のオン・オ
フを切り替える。

[オーディオをミュート]を
クリックして、音声のオン・
オフを切り替える。

[ソロ]をオンにすると、そ
のレイヤーの映像または音
声だけをオンにする。

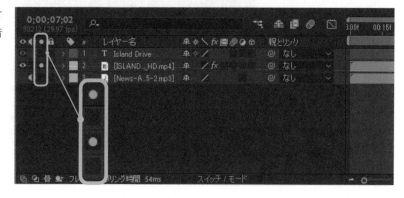

Appendix　効率的な作業や、理解を助けるための知識

325

便利な操作

複数のコンポジションの作成・名前の変更

1つのプロジェクトファイルの中に、複数のコンポジションを作成すると、同じシリーズ
の動画作成などでファイル管理が煩雑にならずに整理できます。

[コンポジション] – [新規
コンポジション] を選択す
る。

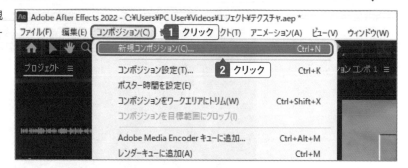

コンポジションの設定をす
る。

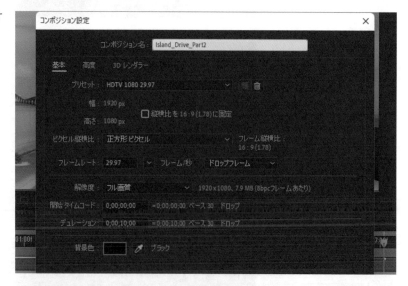

コンポジションが追加され
る。

Appendix » **6**

便利な操作

ワークスペースの設定・リセット

ワークスペースは自分の好みに合わせて自由に配置できます。また、初期状態に戻すこともできます。

[ウィンドウ]で表示したいパネルを選択して好みのワークスペースを作成する。

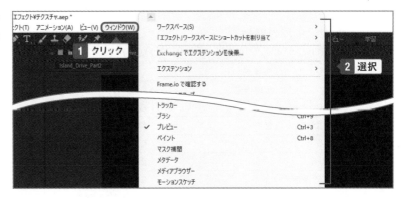

[ウィンドウ]-[ワークスペース]-[新規ワークスペースとして保存]を選択すると新しいワークスペースを作成する。次の画面でワークスペースに好みの名前を付けることができる。

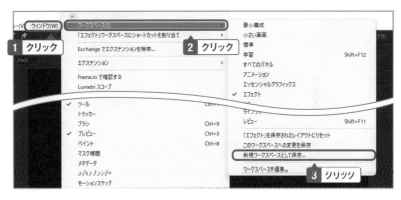

[ウィンドウ]-[ワークスペース]-[「(ワークスペースの名前)」を保存されたレイアウトにリセット]を選択するとワークスペースを初期状態に戻す。

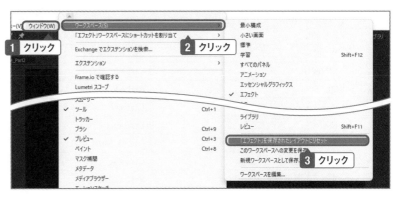

Appendix　効率的な作業や、理解を助けるための知識

327

Appendix » **7**

ショートカットキー一覧

After Effectsにはとても数多くのショートカットキーが設定されています。ショートカットキーを使うことでマウスとキーボードの行き来を減らせるので、操作の効率が上がります。比較的利用頻度の高い代表的なショートカットキーは以下のようになります。

●ファイルの操作

内容	Windows	Mac
プロジェクトの新規作成	Ctrl + Alt + N	Opt + Cmd + N
コンポジションの新規作成	Ctrl + N	Cmd + N
プロジェクトを開く	Ctrl + O	Cmd + O
コンポジション設定	Ctrl + K	Cmd + K
閉じる	Ctrl + W	Cmd + W
保存	Ctrl + S	Cmd + S
別名で保存	Ctrl + Shift + S	Shift + Cmd + S
番号を付けて保存	Ctrl + Alt + Shift + S	Opt + Cmd + Shift + S
レンダーキューに追加	Ctrl + M	Cmd + Shift + /
Adobe Media Encorder にキューを追加	Ctrl + Alt + M	Cmd + Alt + M
終了	Ctrl + Q	Cmd + Q

●ツールの選択

内容	Windows	Mac
選択ツール	V	V
手のひらツール	H	H
横書き文字ツール	Ctrl + K	Cmd + K
ペンツール	G	G

●編集

内容	Windows	Mac
取り消し	Ctrl + Z	Cmd + Z
やり直し	Ctrl + Shift + Z	Shift + Cmd + Z
切り取り	Ctrl + X	Cmd + X
コピー	Ctrl + C	Cmd + C
ペースト	Ctrl + V	Cmd + V
複製	Ctrl + D	Cmd + D
ファイル名と一緒に複製	Ctrl + Shift + D	Cmd + Shift + D
すべてを選択	Ctrl + A	Cmd + A
すべてを選択解除	Ctrl + Shift + A	Shift + Cmd + A

● タイムラインの操作

内容	Windows	Mac
ズームイン	^ （キャレット）	^ （キャレット）
ズームアウト	- （ハイフン）	- （ハイフン）

● レイヤー・タイムラインの操作

内容	Windows	Mac
再生・停止	Space	Space
1フレーム進む	Ctrl ＋ →	Cmd ＋ →
1フレーム戻る	Ctrl ＋ ←	Cmd ＋ ←
10フレーム進む	Ctrl ＋ Shift ＋ →	Cmd ＋ Shift ＋ →
10フレーム戻る	Ctrl ＋ Shift ＋ ←	Cmd ＋ Shift ＋ ←
前のキーフレームに移動	J	J
後のキーフレームに移動	K	K
レイヤーの素材を1フレーム前に移動	Alt ＋ ↑ （Alt ＋ Fn ＋ ↑）	Option ＋ ↑ （Option ＋ Fn ＋ ↑）
レイヤーの素材を1フレーム後ろに移動	Alt ＋ ↓ （Alt ＋ Fn ＋ ↓）	Option ＋ ↓ （Option ＋ Fn ＋ ↓）
レイヤーの素材を10フレーム前に移動	Alt ＋ Shift ＋ ↑ （Alt ＋ Shift ＋ Fn ＋ ↑）	Option ＋ Shift ＋ ↑ （Option ＋ Shift ＋ Fn ＋ ↑）
レイヤーの素材を10フレーム後ろに移動	Alt ＋ Shift ＋ ↓ （Alt ＋ Shift ＋ Fn ＋ ↓）	Option ＋ Shift ＋ ↓ （Option ＋ Shift ＋ Fn ＋ ↓）
レイヤーの素材をコンポジションの先頭に移動	[	[
先頭に移動	Ctrl ＋ Alt ＋ ←	Cmd ＋ Option ＋ ←
末尾に移動	Ctrl ＋ Alt ＋ →	Cmd ＋ Option ＋ →
選択レイヤーの「位置」を表示	P	P
選択レイヤーの「回転」を表示	R	R
選択レイヤーの「スケール」を表示	S	S
選択レイヤーの「不透明度」を表示	T	T
選択レイヤーの「位置」にキーフレームを追加	Alt ＋ Shift ＋ P	Option ＋ Shift ＋ P
選択レイヤーの「回転」にキーフレームを追加	Alt ＋ Shift ＋ R	Option ＋ Shift ＋ R
選択レイヤーの「スケール」にキーフレームを追加	Alt ＋ Shift ＋ S	Option ＋ Shift ＋ S
選択レイヤーの「不透明度」にキーフレームを追加	Alt ＋ Shift ＋ T	Option ＋ Shift ＋ T

Appendix　効率的な作業や、理解を助けるための知識

Appendix » 8

用語集

アンチフリッカー

蛍光灯など高速で点滅している光と撮影の映像が同期しないときに現れる細い線や鋭い角（フリッカー）を軽減する機能。

エンコード

映像データを、コーデックを使って変換し、再生できるデータやファイルにすること。または複数の映像や音声のデータを1つにまとめること。逆はデコード。

キーフレーム

アニメーション効果の開始点や終了点。2点のキーフレームの間は一定の動作を行う。

クリップ

映像や音声を保存した1つのデータ。

コーデック

Compressor Decompressor の略。映像や音声のデータサイズを圧縮するための規格またはプログラムのこと。

コンポジション

使用する動画や音声の素材を並べたデータや情報のこと。コンポジションには再生時間やエフェクトの情報が表示され、どのように素材が組み合わされ、どのように再生されるかを把握できる。

タイムライン

映像や音声の編集で、時間経過に合わせて要素を表示した画面。

ディゾルブ

あるクリップから別のクリップに移行するときのフェード。

トランジション

2つの映像を切り替える方法や状態のこと。さまざまなエフェクトを使うことで、自然な画面の切り替えやグラフィカルな演出が可能になる。

トリミング

映像や画像、音声の一部分を切り抜くこと。

フレーム

映像を構成する1コマの画像。フレームを連続再生することで動画になる。一般的に1秒間で30～60フレームを再生する。

フレームレート

フレームを再生するときの速度。1秒あたりのフレーム数で、「30fps」（frames per second）と表示する。

プロジェクト

動画編集を行うときに、必要な映像や音声、画像などの素材や編集した内容を記録したデータをまとめて管理するファイル。

ホワイトノイズ

撮影した動画に含まれる「サー」という一定周波数のノイズ。無音の場所で録音しても機器の電気抵抗や熱などによって生じることがある。

マスク

画像に設定する透明領域の情報。不透明度100%のマスクでは、マスクを設定した部分だけが見えなくなる。

リップル

タイムラインで動画をトリミングしたり複数の動画を並べたりしたときにできる、何も動画のない隙間のこと。

レンダリング

ビデオフレームに編集、エフェクト、トランジション等を演算して最終出力画像を得ること。

ワークスペース

一般的には作業領域のこと。After Effects の画面では、さまざまな機能のパネルを並べた状態のウィンドウ。

INDEX

── 索　引 ──

ダウンロードファイルについて

　本書で解説に使用している作例の一部は、以下のURLからダウンロードすることができます。動作の確認や練習などに利用してください。

https://www.shuwasystem.co.jp/support/7980html/6601.html

　ダウンロードファイルは本書で解説に使用している動画データの一部で、ZIP形式で圧縮されていますので、解凍して使用してください。

　解凍すると、章ごとのフォルダがあります。

　なお、フォルダの無い章にはダウンロードファイルはありません。

注意

・ダウンロードファイルについて、著作権法および弊社の定める範囲を超え、無断で複製、複写、転載、ネットワークなどへの配布はできません。

・ダウンロードしたファイルを利用、または、利用したことに関連して生じるデータおよび利益についての被害、すなわち特殊なもの、付随的なもの、間接的なもの、および結果的に生じたいかなる種類の被害、損害に対しても責任は負いかねますのでご了承ください。

本書は2022年9月現在の情報に基づいて執筆しています。
本書で取り上げているソフトやサービスの内容・仕様などにつきましては、告知なく変更になる場合がありますのでご了承ください。

著者

八木 重和 (やぎ しげかず)

テクニカルライター。学生時代からパソコンや当時まだ黎明期のインターネットに触れる機会を持ち、一度サラリーマンになるもおよそ2年で独立。以降、メールやWeb、セキュリティ、モバイル関連など幅広い執筆活動を行う。同時にカメラマン活動やドローン空撮、メディア制作等にも本格的に取り組む。

カバーデザイン/イラスト

高橋 康明

動画配信のための ゼロから分かる
After Effects

発行日	2022年 10月 20日	第1版第1刷

著 者　八木 重和

発行者　斉藤 和邦

発行所　株式会社 秀和システム
　　　　〒135-0016
　　　　東京都江東区東陽2-4-2　新宮ビル2F
　　　　Tel 03-6264-3105 (販売) Fax 03-6264-3094

印刷所　三松堂印刷株式会社　　　　Printed in Japan

ISBN978-4-7980-6601-1 C3055

定価はカバーに表示してあります。
乱丁本・落丁本はお取りかえいたします。
本書に関するご質問については、ご質問の内容と住所、氏名、電話番号を明記のうえ、当社編集部宛FAXまたは書面にてお送りください。お電話によるご質問は受け付けておりませんのであらかじめご了承ください。